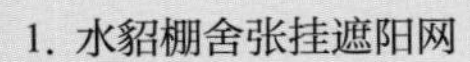

1. 水貂棚舍张挂遮阳网
2. 水貂养殖人工控光
3. 水貂笼
4. 水貂小室
5. 棚顶通风透光水貂棚舍
6. 高窄式标准水貂棚舍

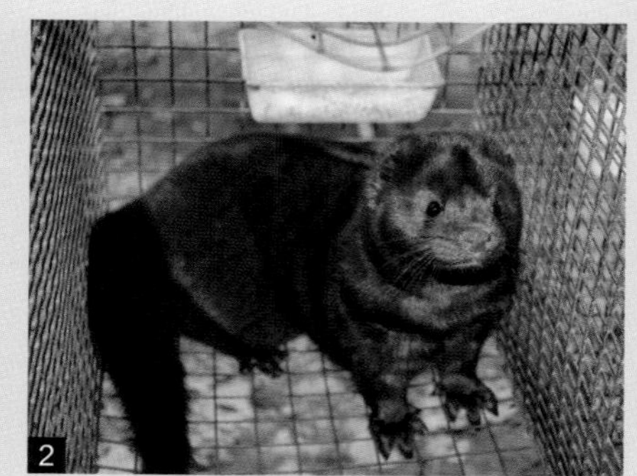

1. 丹麦红眼白水貂
2. 咖啡貂
3. 钢蓝色水貂
4. 银蓝色水貂
5. 美国短毛漆黑色水貂
6. 金州黑色标准水貂

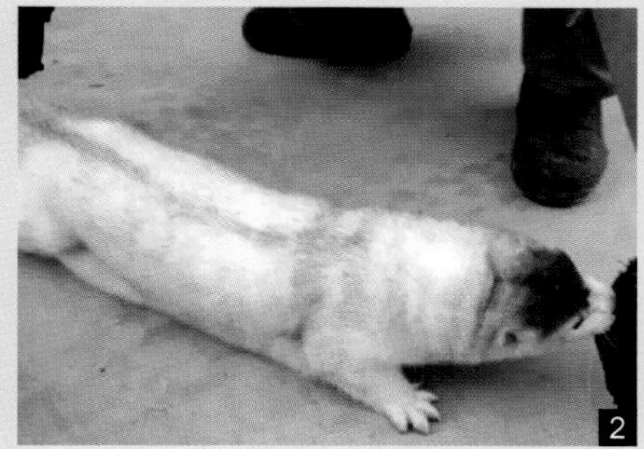

1. 珍珠色水貂
2. 黑十字水貂
3. 母貂安静哺乳
4. 水貂异性刺激促进发情
5. 发情期母貂阴门肿胀、外翻
6. 水貂交配成功状态

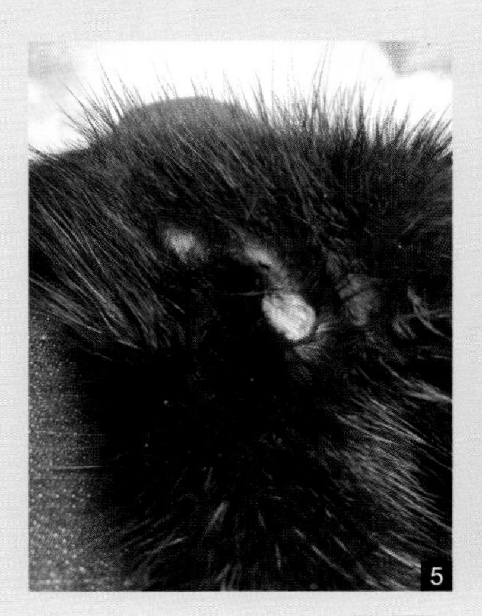

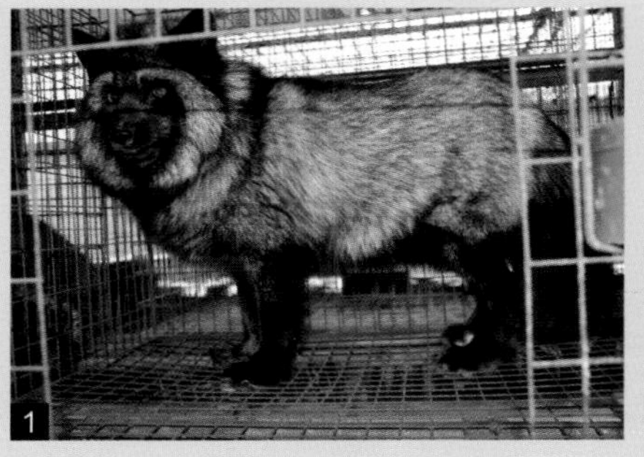

1. 银黑狐
2. 乌苏里貉
3. 白色北极狐
4. 蓝色北极狐
5. 红褐色乌苏里貉
6. 白貉

毛皮动物养殖实用技术

MAOPI DONGWU YANGZHI SHIYONG JISHU

马泽芳　崔　凯　主编

中国科学技术出版社

·北　京·

图书在版编目（CIP）数据

毛皮动物养殖实用技术 / 马泽芳，崔凯主编 . —北京：中国科学技术出版社，2018.1

ISBN 978-7-5046-7834-8

Ⅰ. 毛…　Ⅱ. ①马…　②崔…　Ⅲ. 毛皮动物—饲养管理
Ⅳ. ① S865.2

中国版本图书馆 CIP 数据核字（2017）第 288944 号

策划编辑	王绍昱
责任编辑	王绍昱
装帧设计	中文天地
责任校对	焦　宁
责任印制	徐　飞
出　　版	中国科学技术出版社
发　　行	中国科学技术出版社发行部
地　　址	北京市海淀区中关村南大街16号
邮　　编	100081
发行电话	010-62173865
传　　真	010-62173081
网　　址	http://www.cspbooks.com.cn
开　　本	889mm × 1194mm　1/32
字　　数	177千字
印　　张	7.375
彩　　页	4
版　　次	2018年1月第1版
印　　次	2018年1月第1次印刷
印　　刷	北京威远印刷有限公司
书　　号	ISBN 978-7-5046-7834-8 / S · 703
定　　价	28.00元

本书编委会

Preface 前言

毛皮动物的人工饲养起源于国外，主要为裘皮服装、服饰生产提供原料，是饲养周期短、见效快、效益高的养殖行业。1956 年，我国出于出口创汇的需要，由外贸部门牵头，从国外引种开始发展毛皮动物养殖业。虽然起步较晚，但经过 60 年艰难的发展历程，我国毛皮动物养殖已遍布 14 个省份，全产业链从业人员 400 余万人，年产值约 1000 亿元，基本形成了养殖在山东半岛、大连湾、东北，皮张交易在中原，裘皮加工在沿海的格局；养殖规模现已远超丹麦、芬兰、美国等主要养殖大国，养殖总量占全球的 50%，加工量占全球的 75%，成为养殖规模与裘皮加工大国。2015 年，中央一号文件中明确提出要“立足资源优势，大力发展特色种养业”。毛皮动物养殖业现已成为我国许多地区提升区域经济实力、为农民就业和增收、转移农村剩余劳动力、促进地方经济发展的新途径。随着人民生活水平的不断提高，裘皮服装具有广阔的市场需求，通过扶持引领促使产业转型升级，健康、持续、稳定发展毛皮动物养殖是一项利国富民之举。

我国虽然是毛皮动物养殖大国，却并非强国，同发达国家相比，我国毛皮动物的养殖仍停留在比较原始落后、传统粗放、不十分科学的状态下。特别是近几年毛皮动物行业的迅猛发展，使很多问题随之暴露出来。种源质量低下，饲养管理技术落后，疾病防控意识淡薄，皮张质量差，经济效益低，在国际市场上缺乏竞争力，皮张售价仅是国外同类产品的60%～70%。同时，毛皮动物疾病的频发造成了巨大损失，已经严重阻碍了产业的健康、持续、稳定发展。因此，要使广大养殖户办好毛皮动物养殖场，获取最大的经济效益，就必须学习和掌握先进的饲养管理、繁殖和疾病防控技术等，不断提高毛皮动物品种的质量，才能生产出优质毛皮，增强国际市场竞争力，创造出更大的经济效益。

本书从毛皮动物生产的各个环节入手，讲解毛皮动物养殖场建设、品种与繁育、营养与饲料配制、饲养管理、皮张加工、疾病防治，以及养殖场经营管理等方面的实用技术，旨在为广大毛皮动物养殖从业者和欲从事毛皮动物养殖的人员提供理论和技术的参考和指导。

本书由青岛农业大学、山东省动物疫病预防与控制中心、山东省畜牧总站的学者共同完成。由于笔者水平有限，书中疏漏及不妥之处在所难免，殷切希望广大读者批评指正。

马 泽 芳

Contents 目录

第一章

毛皮动物的营养与饲料

第一节　毛皮动物所需营养物质及其生理作用

一、饲料中主要营养物质

毛皮动物饲料种类很多，主要有动物性饲料和植物性饲料。但所含营养物质种类相同，基本上都含有水、蛋白质、脂肪、碳水化合物、维生素、矿物质和能量，只是营养素的数量和质量有着显著差异。

饲养水貂、狐和貉等毛皮动物是以获取经济效益为目的，其必须在一定的营养环境下繁殖、生长并生产优质毛皮。为此，必须提供一定数量的所需营养物质。毛皮动物在不同的生物学时期对各种营养物质的需要各有不同的特点，需经常随同饲料摄入体内，其数量和质量要求与毛皮动物的种类、年龄、生产性能和采食量有关。

二、营养物质生理作用

（一）能　量

蛋白质、脂肪和碳水化合物三大营养物质在动物体内氧化分解产生热量，但三者产热量不同，以脂肪最高，蛋白质次之，碳

水化合物发热量同蛋白质接近。

水貂、狐和貉因生活环境和生理状态不同，对热能的需求量也不同。通常维持期的需要量最低，繁殖期和育成期需要量逐渐增加，生长发育基本完成，到冬季毛皮形成期又减少。

如果日粮中可消化物质少或营养物质比例失调，或饲料营养价值低劣，则往往导致能量供应不足，使得毛皮兽生长发育缓慢或停滞，机体消瘦，毛色暗淡，泌乳量不足等。

（二）蛋白质

蛋白质是一切生命现象的物质基础，是动物体中最重要的营养物质。水貂、狐、貉对粗蛋白质，尤其是动物性蛋白质的需要非常重要。蛋白质的基本结构单位是氨基酸，共有 20 种。对毛皮动物来说，必需氨基酸有 8 种，即蛋氨酸、色氨酸、苏氨酸、缬氨酸、苯丙氨酸、亮氨酸、异亮氨酸和赖氨酸。对毛皮的生长直接相关的含硫氨基酸有蛋氨酸、胱氨酸和半胱氨酸 3 种。

蛋白质营养价值的高低，主要取决于其氨基酸，特别是必需氨基酸的数量和比例。含有全部必需氨基酸的蛋白质，营养价值高，称为全价蛋白质；只含有部分必需氨基酸的蛋白质称为非全价蛋白质。绝大多数饲料中蛋白质的必需氨基酸是不完全的，所以日粮中数量种类单一时，蛋白质的利用率就不高。当 2 种以上饲料混合搭配时，所含的不同氨基酸就会彼此补充，使日粮中的必需氨基酸趋于完全，从而提高饲料蛋白质的利用率和营养价值。

应注意的是，饲料中蛋白质过多，反而会降低毛皮动物对蛋白质的利用率，不仅浪费饲料，饲养效果也不理想。但如果蛋白质不足，动物机体会出现氮的负平衡，造成机体蛋白质入不敷出，对生产也不利。水貂、狐和貉长期缺乏蛋白质时，会造成贫血，抗病能力降低；幼龄动物生长停滞，水肿、被毛蓬乱，出现白鼻子、长趾甲、干腿等极度营养不良的现象，越生长越小，最后消瘦而死亡；种公兽精液品质下降，母兽性周期紊乱，不易受

胎，即使受胎也容易出现死胎、产弱仔等现象。

（三）脂　肪

脂肪是构成机体的必需成分，是动物体热能的主要来源，也是能量的最好储存形式。脂肪酸是构成脂肪的重要成分，分为饱和脂肪酸和不饱和脂肪酸两大类。动物体生命活动所必需，但体内又不能合成或不能大量合成的，必须从饲料中获得的不饱和脂肪酸，称为必需脂肪酸。在水貂、狐和貉的饲料中，亚麻二烯酸、亚麻酸和二十碳四烯酸是必需脂肪酸。实践证明，在繁殖期日粮中不仅要注意蛋白质的供给，对脂肪也不能忽视。必需脂肪酸与必需氨基酸一样重要。

脂肪极易氧化酸败，其分解产物（过氧化物、醛类、酮类、低分子脂肪酸等）对动物机体危害很大，可直接作用于消化道黏膜，使整个小肠发炎，造成严重的消化障碍；破坏饲料中的多种维生素，使幼龄兽食欲减退，生长发育缓慢或停滞，严重地破坏皮肤健康，出现脓肿或皮疹，降低毛皮质量。尤其在毛皮动物妊娠期，对酸败的脂肪更为敏感，会造成死胎、烂胎、产弱仔及产仔母兽缺乳等不良后果。

（四）碳水化合物

碳水化合物的主要营养功能是提供能量，剩余部分则在体内转化成脂肪储存起来，作为能量储备。碳水化合物虽不能转化为蛋白质，但合理地增加碳水化合物饲料可以减少蛋白质的分解，具有节省蛋白质的作用。日粮中碳水化合物也不可过多，否则蛋白质的含量会相应降低，对毛皮动物的生长发育不利。

（五）维 生 素

维生素是一类维持机体正常生理功能所必需的小分子有机化合物，可概括为脂溶性维生素和水溶性维生素两大类。脂溶性维生素是一类易于溶于脂肪而不溶于水的维生素，主要包括维生素A、维生素D、维生素E、维生素K等。水溶性维生素易溶于水，主要包括B族维生素和维生素C。维生素虽在饲料及水貂、狐和

貉体中含量很少，但对调节机体各种代谢反应正常进行有极重要的作用，是必不可少的。水貂、狐和貉需要的维生素大部分需从饲料中获得，饲料中一旦缺乏维生素，就会使机体生理功能失调，发生维生素缺乏症。

（六）矿 物 质

矿物质在毛皮动物体内含量较少（3%～5%），但却有着很重要的营养和生理意义。

在矿物质中，维持机体生活所必需的有钙、磷、氯、钠、钾、镁、硫、铁、碘、氟等，这些含量很少的矿物质元素叫微量元素（占体重 0.01% 以下）。

水貂、狐和貉经常需要各种矿物质以维持其生活功能。即使处在饥饿的情况下，机体对矿物质的消耗也是不停止的。所以，当矿物质出现负平衡时，就必须在日粮中加大矿物质的喂量。但如果矿物质的供给量超过标准，也会给生产带来不利影响。因此喂给水貂、狐和貉必需量的矿物质是很重要的，但供给量要适当，同时还必须考虑各种矿物质之间的相互关系。

毛皮动物在不同的生物学时期对各种营养物质的需要各有不同的特点。其数量和质量与动物种类、年龄、生产性能和采食量有关。各种营养物质的合理比例和构成，将有助于提高饲养效果。

（七）水

水是构成生命的基础物质之一，任何生物离开了水就不可能生存，一切生物化学、生理反应以及新陈代谢都是在水的参与下进行的。因此，保持动物体内水分至关重要。动物缺水比缺乏食物更容易死亡，特别是在炎热季节或运输中尤需注意。

三、毛皮动物营养需要及日粮配合标准

各种营养物质的合理比例和构成，将有助于提高饲养效果。科学的饲养标准是指导进行合理饲养的主要依据。但目前我国对毛皮动物营养需要量的研究尚不完善，我国地域很广，各地地理

气候、饲料资源、管理方式各异，也很难做出一个适用于各地区范围应用的准确标准。因此，本书仅根据国内毛皮动物先进饲养场（户）的经验和相关研究资料，归纳整理出如下经验标准，以便于借鉴。

（一）水貂饲养标准

水貂饲养标准见表1-1至表1-4。

表1-1　水貂营养需要经验标准

水貂生物学时期	代谢能（千焦）	各营养物质的含量（克）		
		蛋白质	脂　肪	碳水化合物
准备配种期和配种期	800～1 200	22～28	4～8	12～16
妊娠、产仔、哺乳期	900～1 300	26～32	8～12	14～18
幼水貂育成期	1 000～1 400	24～30	6～10	12～16
冬毛生长期	1 400～2 000	26～32	10～14	16～20

（引自佟煜仁，2008）

表1-2　水貂日粮配合经验标准

饲　料	准备配种期和配种期		妊娠期和产仔哺乳期		育成期		换毛期	
	热量比（%）	重量比（%）	热量比（%）	重量比（%）	热量比（%）	重量比（%）	热量比（%）	重量比（%）
鱼　类	55～60	50～55	35～40	35～40	30～35	35～40	30～35	30～35
肉及肉类副产品	15～20	15～20	25～30	25～30	25～30	25～30	25～30	25～30
膨化谷物	15～20	6～8	30～35	10～12	35～40	10～15	35～40	10～15
蔬　菜	1～2	3～5	1～2	3～5	1～2	3～5	1～2	3～5
水	—	15～20	—	15～20	—	15～20	—	15～20

续表 1-2

饲　料	准备配种期和配种期		妊娠期和产仔哺乳期		育成期		换毛期	
添加剂饲料								
大　葱（克）	2		—		—		—	
酵母（克）	4		4		3		3	
羽毛粉（克）	1		1		1		1	
食盐（克）	0.5		0.5		0.5		0.5	
氯化钴（毫克）	1		1		—		—	
鱼肝油 *（国际单位）	1 500	1 500	1 500	1 500	1 500	1 500	1 500	1 500
维生素 E 油 *（毫克）	10	10	10	10	10	10	10	10
维生素 B_1**（毫克）	10	10	10	10	10	10	10	10
维生素 C**（毫克）	25	25	25	25	12.5	12.5	12.5	12.5
复合维生素 B（毫克）	—	—	5	5	2.5	2.5	—	—
水貂用添加剂	—	—	0.5	0.5	—	—	—	—

注：* 每周一、三、五饲喂；** 每周二、四、六饲喂（引自佟煜仁，2008，略有改动）

表 1–3　水貂混合饲料平均饲喂量　（克 / 只 · 天）

月　份	1	2	3	4	5	6	7	8	9	10	11～12
喂　量	300	275	250	325	500	265	445	475	480	500	510

（引自佟煜仁，2008）

表 1–4　水貂各生物学时期饲料干物质中营养水平推荐值

养　分	时　期			
	生长前期	冬毛期	繁殖期	泌乳期
代谢能（兆焦 / 千克）	16 700	16 300	16 300	16 700
粗蛋白质（%）	38	34	38	42
粗脂肪（%）	19	20	14	22
赖氨酸（%）	2.0	1.7	1.98	2.18
蛋氨酸（%）	1.0	1.1	1.22	1.34
钙（%）	0.6～1.0	0.6～1.0	0.6～1.0	0.8～1.2
磷（%）	0.6～0.8	0.6～0.8	0.6～0.8	0.8～1.0
食盐（%）	0.5	0.5	0.5	0.6

（引自佟煜仁，2008）

（二）狐饲养标准

狐饲养标准见表 1–5 至表 1–7。

表 1–5　国内狐的经验饲养标准　（热量比，%）

饲养时期	代谢能（千焦）	热量比（%）				
		肉类副产鱼类	蛋、乳	谷物类	果蔬类	其　他
银黑狐						
6～8 月	2.1～2.3	40～50	5	30～40	3	2
9～10 月	2.3～2.4	45～60	5	45～30	3	2

续表 1–5

饲养时期	代谢能（千焦）	热量比（%）				
		肉类副产鱼类	蛋、乳	谷物类	果蔬类	其　他
银黑狐						
11～1月	2.4～2.5	50～60	5	40～30	3	2
配种期	2.1	60～65	5～7	25	3～4	3～4
妊娠前期	2.3～2.5	50	10	34	3	3
妊娠后期	2.9～3.1	50	10	34	3	3
哺乳期	2.1*	45	15	34	3	3
北极狐						
6～9月	2.5	55	—	30～40	5	—
10～12月	2.9	60	—	30	8	2
1～2月	2.9	65	5	21	5	4
配种期	2.5	70	5	18	5	2
妊娠前期	2.9～3.1	65	5	23	5	2
妊娠后期	3.4～3.6	65	10	20	3	2
哺乳期	2.7*	55	13	25	5	2

注：* 母狐基础标准根据胎产仔数和仔狐日龄逐渐增加（引自佟煜仁，2008，略有改动）

表 1–6　国内狐的经验饲养标准　（%）

饲养时期	代谢能（千焦）	日粮量（克）	粗蛋白质（克）	鱼、肉副产品	蛋、乳	谷　物	蔬　菜	水
准备配种期	2.2～2.3	540～550	60～63	50～52	5～6	18～20	5～8	13～15
配种期	2.1～2.2	500	60～65	57～60	6～8	17～18	5～6	10～12
妊娠期	2.2～2.3	530	65～70	52～55	8～10	15～17	5～6	10～12
产仔泌乳期	2.7～2.9	620～800	73～75	53～55	8～10	18～12	5～6	12～14

续表 1–6

饲养时期	代谢能（千焦）	日粮量（克）	粗蛋白质（克）	鱼、肉副产品	蛋、乳	谷　物	蔬　菜	水
添加饲料（克 / 只 · 天）								
酵　母	食　盐	骨　粉	添加剂	维生素B（毫克）	维生素C（毫克）	维生素E（毫克）	鱼肝油（国际单位）	动物脑（克）
7	1.5	5	1.5	2	20	20	1 500	5
6	1.5	5	1.5	3	25	25	1 800	—
8	1.5	8～12	1.5	5	35	25	2 000	—
8	2.5	5	2	5	30	30	2 000	—

（引自佟煜仁，2008，略有改动）

表 1–7　芬兰狐饲料的能量构成和蛋白质水平

可吸收能量平均值	12～4 月	5～6 月	7～8 月	9～11 月
鲜配料（千焦 / 千克）	5 023	5 651	6 572	7 744
干物质（千焦 / 千克）	<16 743	>17 674	17 581	17 581
可吸收能量分布				
粗蛋白质（%）	40～50	38～45	30～40	25～35
粗脂肪（%）	32～40	37～45	42～50	45～55
碳水化合物（%）	10～20	15～20	18～25	16～25
各时期生产比例（%）	10	10	29	51

（引自佟煜仁，2008）

（三）貉饲养标准

国内貉经验饲养标准见表 1–8 至表 1–11。

表 1-8　成年貉饲养标准（热量比，%）

饲养时期	总热量（千焦）	鱼肉类	熟制谷物	奶　类	蔬　菜	鱼肝油
7～11 月	2 717	30～50	58～53	—	10	2
12～1 月	2 383	35～40	55～50	—	6	4
配种期	2 006	50～55	34～29	5	3	3
妊娠前期	2 508	45	37	10	5	3
妊娠后期	2 926	45	37	10	5	3
哺乳期	2 717	45	38	10	4	3

（引自仇学军，1997）

表 1-9　成年貉饲养标准（重量比，%）

时期（月）	日粮（克）	鱼肉类	内脏下杂	熟制谷物	蔬　菜	其　他
9～10	487	20	—	60	20	—
11～12	375	30	—	60	10	—
1～2	375	20	12	60	5	3
3	412	20	12	60	5	3
4	487	20	12	60	5	3
5～6	487	30	12	50	5	3
7～8	474	20	12	60	5	3

（引自仇学军，1997）

表 1-10　幼龄貉日粮标准（重量比，%）

月龄（月份）	日粮（克）	热量（千焦）	鱼肉类	畜禽副产品	熟制谷物	蔬　菜	其　他
3（7）	262	1 881	40	12	40	5	3
4（8）	375	2 508	40	12	40	5	3
5（9）	487	2 717	35	12	40	10	3
6（10）	525	2 843	35	12	40	10	3

（引自仇学军，1997，略有改动）

表 1-11　成年种貉的饲养标准

时　期		配种期		妊娠期（4～6月）			产仔泌乳期（5～6月）	恢复期（5～9月）	准备配种期（10月至翌年1月）	
		公	母	前期	中期	后期			前期	后期
日粮量（克）		600	500	600	700～800	800～900	1 000～1 200	450～1 000	550～700	400～500
混合饲料比例（重量比，%）	鱼肉类	25	20	25	25	30	30	5～10	10～15	20～25
	畜禽副产品	15	15	10	10	10	10	5～10	5～10	5～10
	熟制谷物	55	60	55	55	50	50	60～70	70	60
	蔬菜	5	5	10	10	10	10	15	10	10
其他补充饲料（克/只·天）	酵母	15	10	15	15	15	15	—	—	5～8
	麦芽	15	15	15	15	15	15	5	—	10
	骨粉	8	10	15	15	15	20	5	5～10	5～10
	食盐	2.5	2.5	3.0	3.0	3.0	3.0	2.5	2.5	2.5
	乳类	50	—	—	—	50	200	—	—	—
	蛋类	25～50	—	—	—	—	—	—	—	—
维生素（毫克/只·天）	维生素 A	1 000	1 000	1 000	1 000	1 000	1 000	—	—	500
	维生素 B	5	5	5	5	5	—	—	—	3
	维生素 C	—	—	—	—	5	5	—	—	—
	维生素 E	5	5	5	5	5	—	—	—	—

（引自佟煜仁，2008，略有改动）

第二节　毛皮动物饲料

一、饲料种类

水貂、狐和貉饲料的种类很多，为了合理对其进行利用，需把饲料进行分类。根据饲料来源可分为动物性饲料、植物性饲料、矿物质饲料和其他饲料。根据饲料所含的主要营养成分及功能可分为蛋白质饲料、脂肪饲料、碳水化合物饲料、维生素饲料、矿物质饲料和添加剂饲料。生产实践中的习惯分类是把上述两种分类结合起来，但以来源为主（表 1–12）。

表 1–12　饲料的分类及其包括的种类

饲　料	类　别	饲料名称
动物性饲料	鱼　类	各种海鱼和淡水鱼
	肉　类	各种家畜、家禽、野生动物肉
	鱼、肉副产品	水产加工副产品（鱼头、鱼骨架、内脏及下脚料等），畜、禽、兔副产品（内脏、头、蹄、尾、耳、骨架、血等）
	软体动物	河蚌、赤贝和乌贼类等及虾类
	干动物性饲料	干鱼、鱼粉、肉骨粉、血粉、猪肝渣、羽毛粉、干蚕蛹粉、干蚕蛹、肉干等
	乳蛋类	牛、羊及其他动物乳、鸡蛋、鸭蛋、毛蛋、照蛋等
植物性饲料	作物籽实类	玉米、高粱、大麦、小麦、燕麦、大豆、谷子及其加工副产品
	油饼类	豆饼、棉籽饼、向日葵饼、亚麻籽饼等
	果蔬类	次等水果，各种蔬菜和野菜等

续表 1–12

饲　料	类　别	饲料名称
添加饲料	维生素饲料	包括维生素 A、维生素 D、维生素 E、维生素 C、B 族维生素、麦芽、鱼肝油、酵母等
	矿物质饲料	骨粉、骨灰、石灰石粉、贝壳粉、食盐及人工配制的配合微量元素
	生物制剂	益生素、消化酶等
配合饲料	干粉料	浓缩料、预混料和全价配合颗粒饲料等
	鲜配合全价饲料（鲜贴食饲料）	

二、饲料利用

（一）动物性饲料

1. 鱼类饲料　鱼类饲料是水貂、狐和貉动物性蛋白质的主要来源之一。我国水域辽阔，鱼类资源广泛，价格低廉。除了河豚鱼等有毒鱼类外，大多数海水鱼和淡水鱼都可作为水貂、狐和貉的饲料。

（1）海鱼　目前，常用的海杂鱼有比目鱼、小黄花鱼、孔鳐、黄姑鱼、红娘鱼、银鱼（面条鱼）、真鲷、二长棘鲷、带鱼、鲮鱼、鳝鱼、海鲶鱼、鳗鱼和鲅鱼等 30 余种。由于鱼的大小和种类不同，其营养价值也不同，含热量也有差异。一般海杂鱼含能量为 292.88～376.56 千焦 /100 克，可消化蛋白质 10～15 克 /100 克。

新鲜的海杂鱼可以生喂，蛋白质消化率达 87%～92%，适口性也非常好。轻微变质腐败的海杂鱼，需要经过蒸煮消毒处理后才能饲喂，但蛋白质消化率大约降低 5%。严重腐败变质的鱼不能饲喂，以防中毒事故的发生。夏季为了预防胃肠炎，如果鱼的质量较差，兽群又小，必要时要摘除内脏（较大的鱼可保留心和肝）。有些鱼的体表带有较多的蛋白质黏液，影响食欲，应加入 0.25% 食盐搅拌（搅拌后注意用清水洗净，避免食盐中毒），

或用热水浸烫去除黏液，从而提高适口性。

（2）**淡水鱼** 饲喂水貂、狐和貉的淡水鱼主要有鲤鱼、鲫鱼、白鲢、花鲢、黑鱼、狗鱼、泥鳅等。这些鱼特别是鲤科鱼，多数含有硫胺素酶，可破坏维生素 B_1。若日粮中 100% 用淡水生鱼，初期水貂、狐和貉的食欲及消化吸收没有异常表现，而 15～20 天后，食欲减退，消化功能紊乱，多数死于胃肠炎及胃溃疡等病，其根本原因就是由于维生素 B_1 缺乏而引起的。所以，对淡水鱼的利用，需要采用蒸煮方法，通过高温破坏硫胺素酶，再进行饲喂。

（3）**有毒鱼** 常见的有毒鱼有河豚鱼、鲐鱼、竹荚鱼（刺巴龟）、鳕鱼类等。

河豚鱼毒性非常强，能耐高温，如加热 100℃经过 6 小时仅能破坏一半，加热 115℃经过 9 小时才能完全失去毒性；耐酸，但易被碱类破坏和分解。

鲐鱼、竹荚鱼等属于含高组胺鱼类，也能引起水貂、狐和貉中毒。一般新鲜的鲐鱼喂水貂、狐和貉不会发生中毒现象。但切忌喂鱼眼发红、色泽不新鲜、鱼体无弹力和夜间着了露水的鲐鱼（脱羧细菌已活动），即不新鲜的鲐鱼，会引起水貂、狐和貉中毒。

鳕鱼类，如长时间大量饲喂，会引起水貂、狐和貉贫血（缺铁）和绒毛呈絮状。新鲜的明太鱼直接饲喂会引起呕吐，但经过 6～7 天的冷冻保存后，此现象可消除。

（4）**喂量** 水貂、狐和貉日粮中全部以鱼类为动物性饲料时，可占日粮重量的 70%～75%。如果利用含脂肪高（＞4%）的鱼，如带鱼、黄鲫鱼、鲭鱼和红鳍鲌等，比例应降到 55%～60%。无论如何，在全利用鱼类作为动物性饲料时都要比利用肉类饲料增加 20%～30% 的用量，才能保证水貂、狐和貉对蛋白质的需要。同时，要注意多种鱼混合饲喂，且要注意维生素 B_1 和维生素 E 的供给，才能保证良好的生产效果。

2. 肉类饲料　肉类饲料营养价值高，是水貂、狐和貉全价蛋白质的重要来源。它含有与水貂、狐和貉机体相似数量和比例的全部必需氨基酸，同时还含有脂肪、维生素和矿物质等营养物质。肉类的种类繁多，适口性好，来源广泛，含可消化蛋白质18%～20%，生物价值高。

在水貂、狐和貉的饲养实践中，可充分利用人类不食或少食的牲畜肉，特别是牧区的废牛、废马、老羊、无用的羔羊肉、犊牛肉、弱驴及老龄的骆驼等。另外，对于超市下架的羊肉串、患非传染病或经过高温处理无害的肉类、肉类加工厂的痘猪肉、兔碎肉、废弃的禽肉和狗肉等也都可以利用。

牛、马、骡、驴的肌肉一般含脂肪较少，而可消化蛋白质含量高（13%～20%），因此是水貂、狐和貉的理想肉类饲料。在日粮中动物性蛋白质可以全部利用肉类。但实际生产中，这样的使用会浪费较大，所以最好不超过动物性饲料的50%，要与其他动物性饲料合理搭配利用。日粮中较好的搭配比例（重量比）是肌肉10%～20%、肉类副产品30%～40%、鱼类40%～50%。

生喂健康新鲜的肉类，蛋白质消化率高，适口性强。已污染或不新鲜的肉类应熟喂，但因熟制会使蛋白质凝固，消化率相应降低，适口性也差，同时各种营养物质受到一定量的损失，所以喂熟肉比喂生的要增加8%～10%的用量。

在使用肉类作为饲料的过程中还要注意以下问题。

（1）肉类饲料经兽医卫生检疫合格后才能生喂，对病畜禽肉，来源不明的肉或可疑污染的肉类，必须经过兽医检查和高温无害处理后方可喂给水貂、狐和貉，否则易感染传染性疾病，必将给生产造成不可挽回的损失。

（2）死因不明的尸体肉类禁用。因为这些畜禽死亡后，没有及时冷冻，而尸体温度在25～37℃的缺氧条件下，正是肉毒梭菌繁殖产生外毒素的良好场所。当温度低于15℃或高于55℃时，肉毒梭菌不能繁殖和形成毒素。如果用被污染并含有毒素的肉类

饲喂水貂、狐和貉，将出现全群性的中毒事故。

（3）利用痘猪肉时，需经过高温或高压热处理。一是因为痘猪肉含有大量的绦虫蚴（囊尾蚴）。虽然这些幼虫在水貂、狐和貉的胃肠道中不能寄生，但从消化道排出体外会污染环境。二是因为猪易患伪狂犬病，其临床症状不明显，如果将其肉误喂给水貂、狐和貉，会引起全群性发病，造成大批死亡。三是因为痘猪肉的蛋白质含有全部的必需氨基酸，脂肪含有的不饱和脂肪酸比牛、羊肉高，因此容易氧化变质，油脂过多，超过了水貂、狐和貉的正常吸收能力，易造成消化系统障碍，引起动物拒食。

（4）不新鲜或疑似巴氏杆菌病的兔肉和禽肉必须熟喂。兔肉（包括野兔肉）和禽肉蛋白质含量高（20%～22%），而脂肪含量较低，是水貂、狐和貉全价的动物性饲料，对繁殖、生长和毛皮质量有良好的作用。新鲜健康的兔肉和禽肉可以生喂。但家兔或禽类，特别是野兔易患巴氏杆菌病，生喂患巴氏杆菌病的禽肉或兔肉，能使水貂、狐和貉患全群性的巴氏杆菌病，死亡率可达20%～40%。

（5）狗肉一般要熟喂，以防犬瘟热等传染。狗肉也是水貂、狐和貉优良的动物性饲料。但狗易患犬瘟热等传染病，利用时一定要采取熟喂的方法，以防传染。另外，狗肉的适口性较差，繁殖期最好占动物性饲料的10%～25%。

（6）在水貂、狐和貉的繁殖期，严禁利用经己烯雌酚处理的肉类，否则会造成生殖功能的紊乱，使受胎率和产仔数明显降低，严重时还可使全群不受胎。己烯雌酚耐热性强，熟喂也能引起繁殖障碍。繁殖期也不宜用种公牛和种公马的肉来饲喂。对给过药物的家畜肉用来做饲料，应检查有无危害。

（7）狐、貉、貂等毛皮动物的胴体在利用时要注意不要给同品种食用；而且在繁殖期最好不用。为避免某些疾病互相感染，最好熟喂。

3. 鱼、肉类副产品饲料　鱼、肉类副产品是水貂、狐和貉

动物性蛋白质来源的一部分。这类饲料中除了心脏、肝脏、肾脏外，大部分蛋白质消化率较低，生物学价值不高。主要是由于其中矿物质和结缔组织含量高，某些必需氨基酸含量过低或比例不当。因此，在利用时要注意同其他饲料的搭配。肉类副产品一般占动物性饲料的30%～40%。

（1）**鱼副产品**　鱼头、鱼骨架、内脏及其他下脚料，这些废弃物都可以用来饲养水貂、狐和貉。但利用时要注意，新鲜的鱼头和鱼骨架，可以生喂；新鲜程度较差的鱼类副产品应熟喂，特别是内脏不易保鲜，熟喂比较安全。

（2）**畜、禽、兔的肉类副产品**　主要包括畜禽的头、蹄、骨架、内脏和血液等。

肝脏（摘除胆囊）是较理想的全价蛋白质饲料，含有全部必需氨基酸、多种维生素（维生素A、维生素D、维生素E、维生素B_1、维生素B_2）和微量元素（铁、铜、钴等）。特别是维生素A和维生素B含量非常丰富，在水貂、狐和貉的妊娠期和哺乳期日粮中加入新鲜肝脏（5%～10%）能显著提高适口性和弥补干动物性饲料多种维生素的不足，增加泌乳量，促进仔兽的生长发育。在利用肝脏时需要注意，新鲜的健康动物的肝脏应生喂；来源不明、新鲜程度差或可疑污染的，应熟喂；经过卫生检验允许作饲料用的病畜、禽和兔的肝脏，需经过高温或高压热处理后再喂，否则易引起流行巴氏杆菌病和伪狂犬病。肝脏有轻泻作用，故喂量不宜过多，一般可以占动物性饲料的15%～20%。

心脏和肾脏是全价蛋白质饲料，还含有多种维生素，但总的来说，生物学价值不及肝脏高。健康动物的心脏和肾脏适口性好，消化率高，可以生喂。病畜的心脏和肾脏必须熟喂。

胃是水貂、狐和貉的良好饲料，但其蛋白质不全价，生物学价值较低，需与肉类或鱼类搭配使用。新鲜洁净的牛、羊胃可以生喂，而猪、兔的胃必须熟喂。腐败变质的胃，会引起消化障碍，不能饲喂。在繁殖期胃可占水貂、狐和貉日粮中动物性饲料

的20%～30%，幼兽生长发育期可占30%～40%，比例过高对繁殖和幼兽生长都会造成不良影响。

肺、肠、脾和子宫的蛋白质生物学价值不高。这些副产品与肉类、鱼类及兔杂混合搭配，能取得良好的生产效果。通常在繁殖期，混合副产品可占日粮总能量的10%～15%，非繁殖季节可占25%～30%，幼兽育成期可占40%～50%。肺、肠、脾和子宫必须熟喂，生喂易引起某些疾病，如伪狂犬病、巴氏杆菌病、布鲁氏菌病。子宫、胎盘和胎儿在利用时，应当在幼兽生长发育期大量利用，准备配种期和配种期一般不能利用，以防因含某些激素而造成生殖功能紊乱。

兔头、兔骨架和兔耳是兔肉加工厂的副产品，是水貂、狐和貉在繁殖期及幼兽育成期良好的饲料。但由于兔头和兔骨架中含有大量灰分，因此大量的利用能降低蛋白质和脂肪的消化率。所以，一般在繁殖期，混合兔副产品可占日粮动物性饲料的15%～25%，幼兽育成期可占40%～50%。经兽医卫生检疫的兔副产品可以生喂，如已污染或可疑者则熟喂比较安全。

食管、喉头和气管都可用来饲喂水貂、狐和貉。食管营养价值与肌肉无明显区别，在妊娠和哺乳期，牛的食管可占日粮中动物性蛋白质的20%～35%，母兽食欲旺盛，泌乳能力强，仔兽发育健壮。喉头和气管是良好的蛋白质饲料和鲜碎骨饲料，在幼兽生长发育期，可占日粮动物性饲料的20%～25%。繁殖期利用，要摘除附着的甲状腺和甲状旁腺。

乳房和睾丸在水貂、狐和貉非繁殖期可以利用。乳房含结缔组织较多，蛋白质生物学价值低，脂肪含量高（牛乳房含蛋白质12%、脂肪13%）。因此，喂量过大可使食欲减退，营养不良。各种动物的睾丸数量不多，在准备配种期喂给母兽，不利于繁殖；喂给公兽，对性活动有一定促进作用，但作用不明显，有待于进一步研究。

血液是水貂、狐和貉良好的饲料，含较高的蛋白质、脂肪及丰富的矿物质类（铁、钠、钾、氯、钙、磷、镁等）。新鲜健康动物的血液（屠宰后不超过 5～6 小时）可以生喂，喂量适当能提高适口性，增加食欲；喂量过多时，能引起腹泻。一般在繁殖期喂量可占日粮中动物性蛋白质的 10%～15%，幼兽生长发育期占 30% 左右。血液极易腐败变质，失鲜的血液要熟喂，腐败变质的血液不能饲喂。

脑的蛋白质生物学价值很高，不仅含有全部必需氨基酸，还含有丰富的脑磷脂，特别是对水貂、狐和貉生殖器官的发育有促进作用，故常称为催情饲料。因来源有限，一般在准备配种期和配种期适当饲喂，每天水貂 3～5 克，狐和貉 6～9 克。脑中脂肪的含量较高，饲喂过多能引起食欲减退。

鸡、鸭头和爪都属于屠宰禽类的废弃品，在水貂、狐和貉生长发育和冬毛生长期，作为日粮动物性蛋白质的主要来源（禽类废弃品占日粮 70%，其中内脏 20%，头 30%，爪 20%），生产效果很好。但比较理想的日粮应以禽类废弃品与其他动物性饲料搭配。在幼兽生长发育期和毛绒生长期，禽类废弃品经兽医卫生检疫合格，品质新鲜的可以生喂。在繁殖期一般不进行利用，以防对繁殖功能造成不良影响。

4. 软体动物　软体动物肉（河蚌、赤贝和乌贼类等及虾类）除含有部分蛋白质外，每 100 克中还含有 200 单位左右的维生素 A 和丰富的维生素 D 原。因此，在幼兽生长发育期可以广泛应用。但软体动物肉中蛋白质多属硬蛋白，生物学价值较低，并含有硫胺素酶，要熟喂。而熟制后硬蛋白也很难消化，喂量过多会引起消化不良。一般熟河蚌或赤贝肉占日粮中动物性饲料的 10%～15%，最大喂量不超过 20%，河虾和海虾的喂量不超过 20%。

5. 干动物性饲料　主要包括水产品加工厂生产的鱼粉，肉联厂生产的肉粉、肉骨粉、肝渣粉、羽毛粉等，缫丝工业副产品的干蚕蛹粉及淡水干杂鱼和海水鱼的干杂鱼等。

鱼粉是优质的动物性蛋白质饲料。蛋白质含量最高的达65%以上，最低55%，一般在60%左右，含盐量为2.5%～4%，含有全部必需氨基酸，生物学价值高。质量好的鱼粉喂量可占动物性饲料的20%～25%，但日粮总量要提高10%～15%，因为鱼粉的消化率较鲜动物性饲料低一些。饲喂水貂、狐和貉的鱼粉最好是真空速冻干燥的，制鱼粉的原料越新鲜越好。

干鱼也是目前广泛应用的水貂、狐和貉饲料。利用的关键是注意它的质量。干鱼晒制前一定要保持新鲜，严格防止腐败、发霉、变质。在晒制过程中，干鱼中某些必需氨基酸、脂肪酸和维生素遭到不同程度的破坏，因而应尽量避免在日粮中单纯使用干鱼作为动物性饲料，要与新鲜的鱼、肉、肝、乳、蛋等动物性饲料搭配使用，同时还要注意增加酵母、维生素B_1、鱼肝油和维生素E的喂量，特别是在繁殖期更应如此。质量好的干鱼各生产时期都可以大量的利用，一般不低于动物性饲料的70%～75%，个别时期曾达到100%。

肝渣粉是生物制药厂利用牛、羊、猪的肝脏提取B族维生素和肝浸膏的副产品，经过干燥粉碎而成。其营养物质含量分别为，水分7.3%左右，粗蛋白质65%～67%，粗脂肪14%～15%，无氮浸出物8.8%，灰分3.1%。这样的肝渣粉经过浸泡后，可以与其他动物性饲料搭配饲喂。但因水貂、狐和貉对其消化率特别低（水貂干物质30.7%，粗蛋白质11.6%），所以喂量过大能引起腹泻。一般在繁殖期可占动物性饲料的8%～10%，幼兽育成期和毛绒生长期占20%～25%。肝渣粉在保存的过程中，极易吸湿而腐败变质。因此，在饲喂前应当认真检验其新鲜程度，如果喂变质的肝渣粉可引起母兽后肢麻痹、全窝死胎、烂胎、仔兽大量死亡（死亡率可达75%）。

血粉是由畜禽的血液制成。其品质因加工工艺不同而有差异。经高温、压榨、干燥制成的血粉溶解性差，消化率低，直接将血液真空蒸馏器干燥制成的血粉，溶解性好，消化率高。血粉

中富含铁，粗蛋白质含量很高，在80%以上，赖氨酸含量高达7%～8%，但缺乏蛋氨酸、异亮氨酸和甘氨酸，且适口性差，消化率低，喂量不宜过多。一般经过煮沸的血粉，可占到幼兽育成期和毛绒生长期日粮中动物性饲料的2%～4%，繁殖期占到1%。

蚕蛹或蚕蛹粉是肉、鱼饲料的良好代用品，含有丰富的蛋白质和脂肪，营养价值较高。在饲养实践中，100克蚕蛹可代替200～220克肉类的蛋白质。水貂、狐和貉在幼兽育成期和毛绒生长期，蚕蛹蛋白不能高于日粮中蛋白质的30%，繁殖期可占5%～15%。对于杂食性的毛皮动物，蚕蛹用量可以适当加大。饲喂蚕蛹时，要彻底浸泡以除掉残存的碱类，经过蒸煮加工，然后与鱼、肉饲料一起经过绞肉机粉碎后饲喂。若不经浸泡和熟制而直接拌在混合饲料中，会引起胃肠道疾病，影响饲喂效果。

羽毛粉为禽类的羽毛，经过高温、高压和焦化处理后粉碎而成。一般羽毛粉含粗蛋白质8%左右，脂肪1%～2%，灰分7.3%，水分10.16%。羽毛粉蛋白质中含有丰富的胱氨酸（约占8.7%），同时含有大量的谷氨酸（10%）、丝氨酸（10.22%），这些氨基酸是毛绒生长所必需的物质。在春季和秋季脱换毛的前1个月日粮中加入一定量的羽毛粉（占动物性饲料的1%～2%），连续饲喂3个月左右，可以减少患自咬病和食毛症。羽毛粉中含有大量的角质蛋白，消化吸收困难，故多数饲养场把它与谷物饲料通过蒸熟制成窝头，提高消化率。若能用酸处理，其消化率还会提高。

其他的干副产品还有肠衣粉、赤贝粉、残蛋粉及肝边、气管，牛羊，肺、胃和腺体等。这些副产品或废弃品粗蛋白质含量较高（绝大多数在50%以上），但其在干制前蛋白质就不全价，某些必需氨基酸含量不足或缺乏，同时在高温干制的过程中有部分被破坏，加之难于消化，适口性差，所以其营养价值大大降低。在利用时要与鲜鱼、肉类搭配使用，用量占日粮中可消化蛋白质的20%～30%，超过这个比例将影响幼兽生长发育和毛绒质量。

6. 乳品及蛋类 乳品和蛋类是水貂、狐和貉全价蛋白质饲料的来源，含有全部的必需氨基酸，而且各种氨基酸的比例与水貂、狐和貉的需要相似，同时非常容易消化吸收。例如，水貂对鲜乳或乳制品蛋白质消化率95%，肉类最高的是去骨马肉92%。另外，还含有营养价值很高的脂肪、多种维生素及易于吸收的矿物质。

鲜乳（牛乳和羊乳）是水貂、狐和貉繁殖期和幼兽生长发育期的优良蛋白质饲料。在日粮中加入一定量的鲜乳，可以提高日粮的适口性和蛋白质的生物学价值。在母兽妊娠期的日粮中加入鲜乳，有自然催乳的作用，可以提高母兽的泌乳能力和促进幼兽的生长发育。但鲜乳中含有较多的乳糖和矿物质，有轻泻的作用。一般母兽喂鲜乳量为每天30～40克，或占日粮重量的20%，最多不超过60克。鲜乳是细菌生长的良好环境，极易腐败变质，特别是夏季，放置4～5小时就会酸败。饲喂给毛皮动物的鲜乳需加热至70～80℃，经过15分钟的消毒。当发现乳蛋白大量凝固时，说明已经酸败。凡不经消毒或酸败变质的乳类，一律不能用来饲喂。

脱脂乳是将鲜乳中的大部分脂肪脱去而剩余的部分。一般含脂肪0.1%～1%，蛋白质3%～4%，对水貂、狐和貉繁殖和生长有良好的作用。脱脂乳是提高日粮蛋白质生物学价值的强化饲料。断乳的仔兽，每日可喂脱脂乳40～80克，占日粮总量的20%～30%。

用全乳或脱脂乳可以制成酸凝乳。酸凝乳是水貂、狐和貉良好的蛋白质饲料，但我国利用得较少，国外应用较多。酸凝乳可替代动物性蛋白质30%～50%，可在日粮中占动物性蛋白质的50%～60%。

乳粉是水貂、狐和貉珍贵的浓缩蛋白质饲料。全脂乳粉含蛋白质25%～28%，脂肪25%～28%。1千克乳粉，可加水7～8

千克，调制成乳粉汁，与新鲜乳基本相同，只是维生素和糖类稍有损失。乳粉要现用现冲，一般冲淡后放置的时间不超过 3 小时，否则容易造成腐败变质。

蛋类也是水貂、狐和貉较好的蛋白质饲料，含有营养价值很高的脂肪、多种维生素和矿物质，具有较高的生物学价值。全蛋蛋壳占 11%，蛋黄占 32%，蛋白占 57%。含水量为 70% 左右，蛋白质约 13%，脂肪 11%～15%。在水貂、狐和貉的准备配种期，能供给种公兽少量的蛋类（每日每千克体重 10～15 克），对提高精液品质和增强精子活力有良好作用。哺乳期对高产母兽，每日每千克体重供给蛋类 20 克，对胚胎发育和提高初生仔兽的生活力有显著的作用。蛋清中含有一种抗生物素蛋白，能与生物素（维生素 H）相结合，形成无生物学活性的复合体抗生物素蛋白。长期饲喂生蛋，生物素的活性就要长期受到抑制，使水貂、狐和貉发生皮肤炎和毛绒脱落等症。通过蒸煮，能破坏抗生物素蛋白，从而保证生物素供给。孵化业的石蛋或毛蛋，也可饲喂毛皮动物，但必须保证新鲜，并经蒸煮消毒。喂量与鲜蛋大致一样。腐败变质的毛蛋或石蛋不能利用。

（二）植物性饲料

包括各种谷物、油类作物的籽实和各种蔬菜。是碳水化合物的重要来源，也是能量的基本来源。

1. 作物类饲料

（1）禾本科谷物　禾本科谷物在水貂、狐和貉日粮中利用的非常广泛，如玉米、高粱、小麦、大麦等。它们含有碳水化合物 70%～80%（主要是淀粉），是热量的主要来源之一。水貂、狐和貉能很好地消化熟谷物中的淀粉，消化率 91%～96%，而对生谷物淀粉的消化率低。谷物粉碎熟喂是合理的，而且要求熟制彻底，如果熟制不透，微生物易繁殖，特别是夏季，能引起患胃肠臌胀和消化异常。

禾本科谷物的糠麸，含有丰富的 B 族维生素和较多的纤维素，水貂、狐和貉对纤维素消化最差（0.5%～3%），多数不能利用而从粪便中排出体外，所以最好不用。

水貂、狐和貉日粮中的谷物粉最好采取多样混合，其比例为玉米粉、高粱粉、小麦粉和小麦麸各按1:1，也可采用玉米粉、小麦粉、小麦麸按2∶1∶1混合。

饲喂水貂、狐和貉的谷物要充分晒干。如果谷物中含水量达15%以上，相对湿度达80%～85%，由于呼吸作用，可使谷物堆中的温度升高到20～30℃，霉菌大量繁殖，结果使谷物发霉，产生黑色的斑点和霉败气味。

（2）豆类作物　包括大豆、蚕豆、绿豆和赤豆等，是水貂、狐和貉植物性蛋白质的重要来源，同时还含有一定量的脂肪。在毛皮动物日粮中，大豆利用得比较多，蚕豆、绿豆和赤豆利用得较少。

大豆在植物性饲料中营养价值较高，含蛋白质36.3%，脂肪8.4%，碳水化合物25.0%，而且其蛋白质含有全部的必需氨基酸，但与肉类饲料相比，蛋氨酸、胱氨酸和色氨酸的含量低，影响了生物学价值。大豆粉与牛肉、小麦粉、小米粉混合饲喂，蛋白质生物学价值明显提高。大豆含丰富的脂肪，利用过多，会引起消化不良，一般占日粮中谷物饲料的20%～25%，最大用量不超过30%。

（3）油料作物　包括芝麻、亚麻籽、花生、向日葵等。目前，在水貂、狐和貉饲料中利用得比较少，仅在少数饲养场，于毛绒生长期，在日粮中添加捣碎的油料作物（每日每千克体重3～4克），对促进毛皮质量和光泽度有一定作用。

2. 油饼类饲料　包括向日葵、亚麻、大豆和花生饼等。含有丰富的蛋白质（34%～45%）和其他的营养物质。在狐、貉的日粮中可以较多利用，一般占日粮总量的30%左右，在水貂日粮中利用量较少。

3. 果蔬类饲料　包括叶莱、野菜牧草、块根、块茎及瓜果

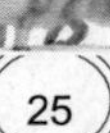

等。这类饲料能供给水貂、狐和貉所需要的维生素 E、维生素 K 和维生素 C 等，同时能供给可溶性的矿物质类和促进食欲及帮助消化的纤维素。

（1）叶菜　在水貂、狐和貉日粮中，叶菜是果蔬类饲料的主要部分，常用的有白菜、菠菜、甘蓝、生菜（莴苣）、油菜、甜菜叶和苋菜等。叶菜含有丰富的维生素和矿物质。水貂、狐和貉日粮中含有 10%～15% 的叶菜（每日每千克体重 30～50 克），食欲和消化都很正常。

（2）野菜和牧草　在北方早春蔬菜来源困难时，可以采集蒲公英、车前菜、荠菜、荨麻和苣荬菜等，或利用嫩苜蓿来饲喂水貂、狐和貉，用量可占日粮的 3%～5%。如果能把三叶草和苜蓿草干燥粉碎成干草粉，可常年作为水貂、狐和貉的维生素补充饲料。

（3）块根和块茎　包括萝卜、胡萝卜、甜菜、甘薯和马铃薯等。萝卜和胡萝卜可与叶菜各占 50% 搭配饲喂，以免单独饲喂时消化不良或影响食欲。马铃薯和甜菜如果当蔬菜饲喂，可少量地与其他蔬菜搭配。甘薯和马铃薯含有丰富的碳水化合物，特别是淀粉，占干物质的 70%～80%，在水貂、狐和貉日粮中可替代部分谷物饲料，但要熟喂（熟淀粉消化率 80%，生淀粉的消化率只有 30%）。

（4）瓜果类饲料　包括西葫芦、番茄、南瓜、苹果、梨、李子、山楂、鲜枣、野蔷薇果、松叶等。夏季可用西葫芦和番茄代替日粮中蔬菜量的 30%～50%，一般与叶菜搭配饲喂较好。南瓜含有丰富的碳水化合物，多在秋季饲喂，经过蒸煮处理后，可代替部分谷物。

水果产区的次等水果（苹果、梨、李子等）都含有丰富的维生素 C、糖和有机酸类，只要不腐烂变质，都可以用来代替蔬菜饲喂水貂、狐和貉。在妊娠和产仔期，为了给母兽补充维生素 C，可饲喂富含维生素 C 的水果，如山楂，喂量为每日每千克体

重 3～4 克，喂量太多会影响食欲。

（三）添加饲料

1. 维生素饲料

（1）维生素 A 水貂、狐和貉所需要的维生素 A，主要来源于鱼肝油、鱼类及家畜的肝脏。水貂、狐和貉对维生素 A 的需要量，非繁殖期最低为每日每千克体重 250～400 国际单位，繁殖期为每日每千克体重 500～800 国际单位，杂食性毛皮动物需要量较低。

以鲜鱼（海鱼或淡水鱼）为主的日粮，基本能保证维生素 A 需要，除繁殖期补加少量（标准量的一半）外，其他时期，需补加给 5%～10% 的肝脏，5% 的乳或一定量的鸡蛋，才能满足需要。添加维生素 A 时，要防止酸败脂肪破坏作用。

（2）维生素 D 水貂、狐和貉所需要的维生素 D，主要依靠鱼肝油、肝脏、蛋类、乳类及其他动物性饲料提供。水貂、狐和貉对维生素 D 最低需要量为每日每千克体重 10 国际单位，而实际饲养中，维生素 D 的供给标准要比需要量高 5～10 倍。通常，只要饲料新鲜，就不需要另外添加。但在繁殖期和幼兽生长期，对维生素 D 需要量增加，可适当添加一部分；在光照充足的环境下，对维生素 D 的需要量少，而在阴暗的棚舍需要量高。

（3）维生素 E 多种谷物胚芽和植物油含有维生素 E。如小麦芽、棉籽油、大豆油、小麦胚油和玉米脐油等。维生素 E 对水貂、狐和貉性器官的发育有良好作用。水貂、狐和貉对维生素 E 的需要量一般是每日每千克体重 3～4 毫克。妊娠期日粮中不饱和脂肪酸含量高时，用量可增加 1 倍。小麦胚芽油添加量可达到每日每千克体重 0.5～1 克，棉籽油、大豆油或玉米胚芽油为每日每千克体重 1～3 克。如果日粮中含脂肪过高时，最好添加维生素 E 制剂；日粮中含脂肪低，应添加新鲜的植物油。

（4）维生素 B_1 富含维生素 B_1 的饲料有酵母、谷物胚芽、细糠麸等，肉类、鱼类、蛋类、乳类也含有一定量，而蔬菜和水果中含量较少。水貂、狐和貉对维生素 B_1 的标准需求量为每日每千克体重 0.26 毫克。一般在日粮中，只要保证肉类、鱼类、谷物粉和蔬菜质量新鲜，基本能满足需要。但由于维生素 B_1 是水溶性维生素，在饲料贮存或加工过程中损失很大，所以需经常采用添加酵母或维生素 B_1 制剂来弥补。

（5）维生素 B_2　动、植物性饲料中均含有维生素 B_2，含量最丰富的饲料有各种酵母、哺乳动物的肝脏、心脏、肾脏和肌肉等。鱼类、谷物、蔬菜中含量较少。水貂、狐和貉对维生素 B_2 的需要量一般从日粮中能得到满足，除繁殖期补加少量精制品外，日常不需另外补充。常用的添加剂量准备配种期为每日每千克体重 0.2～0.3 毫克，妊娠和哺乳期 0.4～0.5 毫克。

（6）维生素 C　维生素 C 在各种绿色植物中含量丰富，而肉类、鱼类和谷物饲料中几乎没有。在水貂、狐和貉的日粮中供给每日每千克体重 30～40 克的青绿蔬菜，加上体内合成部分，一般不会感到缺乏。但在妊娠和哺乳期，特别是北方地区，此时用的是贮藏蔬菜，在贮藏中维生素 C 丧失大部分，所以要注意维生素 C 制剂的添加。一般在妊娠中期添加量为每日每千克体重 10～20 毫克。

2. 矿物质饲料

（1）钙、磷添加剂　在水貂、狐和貉饲养中常用的钙、磷添加剂有骨粉、蛎粉、蛋壳粉、骨灰、白垩粉、石灰石粉、蚌壳粉、磷酸钙等。幼兽对钙的需要量占日粮干物质的 0.5%～0.6%，磷占 0.4%～0.5%。日粮中钙、磷的含量一般能满足需要，但其钙与磷的比例往往不当，特别是以去骨的肉类、肉类副产品、鱼类饲料为主的日粮，磷的含量比钙高。为使钙、磷达到适当的比例，应在上述的肉类副产品中添加骨粉或骨灰每日每千克体重 2～4 克，鱼类饲料中添加蛎粉、白垩粉或蛋壳粉每日每千克体重 1～2 克。

（2）钠、氯添加剂　食盐是钠和氯的主要补充饲料。单纯依

靠饲料中含有的钠和氯，水貂、狐和貉有时会感到不足。要以小剂量（每日每千克体重 0.5～1 克）不断补给，才能保持正常的代谢。但在水貂、狐和貉饲养中经常出现由于添加或饲料中含有的食盐量过多而引起的食盐中毒现象。例如，成年水貂每千克体重添加食盐 1.2～1.5 克，每日供水 3 次，水貂饮水量有所上升，没有发生其他异常现象；若每千克体重添加食盐 3 克，每日供水 1 次，则出现明显的中毒现象。

（3）铁添加剂 在水貂、狐和貉饲养中，当大量利用生鳕鱼、明太鱼时，会造成对铁的吸收障碍，产生贫血症。因此，常采用硫酸亚铁、乳酸盐、柠檬酸铁等添加剂来补充。幼兽生长期和母兽妊娠期对铁的需要量增加。为了防止贫血症和灰白色绒毛的出现，每周可投喂硫酸亚铁 2～3 次，每次喂量每千克体重 5～7 毫克。补喂的方法是先把铁添加剂溶解在水中，喂食前混入日粮中，并搅拌均匀。

（4）铜添加剂 水貂、狐和貉日粮中缺铜时，也能发生贫血症。但水貂、狐和貉对铜的需要量，目前研究得还很不够。美国和芬兰等国，在配合饲料或混合谷物中铜占谷物的 0.003%，日本为毛皮动物添加的矿物质合剂中含铜 1%。

（5）钴添加剂 钴在水貂、狐和貉的繁殖过程中起一定作用。当日粮中缺乏钴时，繁殖力下降。通常利用氯化钴和硝酸钴作为钴的添加剂。

3. 抗生素饲料 在水貂、狐和貉饲料中，可经常小剂量地添加抗生素，如粗制的土霉素、四环素等。抗生素虽然对水貂、狐和貉没有直接的营养作用，但对抑制有害微生物繁殖和防止饲料腐败有重要意义。在妊娠、哺乳和幼兽生长发育期，如果饲料新鲜程度较差，可加入粗制土霉素或四环素，添加量占日粮重量的 0.1%～0.2%，即每日每千克体重 0.3～0.5 克，最多不超过 1 克。健康恢复后或饲料新鲜情况下，最好不要加抗生素。

（四）配合饲料

近年来由于水貂、狐和貉养殖业的迅速发展，规模和数量大大增加，传统饲喂方法所采用的鲜湿自配料已满足不了毛皮动物对营养物质的需求。在科研和生产部门对水貂、狐和貉的营养需要和饲料配方做了全方位的深入研究和生产实践，并取得成功的基础上，在政府的支持下，开发出了工厂化生产的配合饲料。水貂、狐和貉饲料的工业生产，相对于传统饲喂模式是一次大变革。这为今后水貂、狐和貉养殖业向大规模集约化生产方向发展提供了重要条件，为水貂、狐和貉养殖业的持续发展奠定了物质（饲料）基础。

目前，我国的配合饲料主要有干配合饲料（粉状料和颗粒料）和鲜配合饲料（鲜冻料和液态料）两大类。

1. 干配合饲料　干配合饲料以优质鱼粉、肉粉、肝粉、血粉等作为动物性蛋白质的主要来源，配合谷物粉及氨基酸、矿物质、维生素等添加剂，通过工厂化工艺程序配制而成。分为颗粒状和粉末状两种。配方中注意了各种营养物质的配合，保证了营养的全价性，基本上可满足水貂、狐和貉各生长发育阶段和生产时期的营养需要，饲喂效果较好。由于干配合饲料成本较低，营养全价，易贮、易运，饲喂方便，省工省时，有较高的推广应用价值。

2. 鲜配合饲料　鲜配合饲料是用新鲜的原料饲料，经科学组方合理搭配后直接绞碎，加入微量元素精制而成的全价配合饲料，它保留了原材料饲料的营养成分和生物活性物质不遭破坏，能满足水貂、狐和貉不同生长时期的营养需要。水貂、狐和貉喜食、适口性好，符合外国传统饲喂模式，饲养者容易接受，用其饲养的水貂、狐和貉能获得理想的生产能力和产品质量。世界上水貂、狐和貉养殖水平较高的美国、加拿大、芬兰等国，均采用鲜配合饲料饲喂模式，所获得产品和种兽质量均列世界领先地位。

3. 配合饲料的使用　干配合饲料饲喂前 5～7 天要通过逐渐增料的适应过渡期，以防因饲料突变而引起消化不良等应激反应。鲜配合饲料饲喂前如果是自配鲜料转变时可以不用过渡的时期，如果是干配合饲料转变时，则需 3～5 天的过渡。

干配合饲料喂前 0.5～1 小时要进行水浸，以软化干料，提高消化率，水温不要超过 40℃，以防某些营养物质遭到破坏。鲜配合饲料液状的可取来即喂，鲜冻料要解冻后饲喂。

另外，要严格按厂家的使用说明书饲喂。不同的厂家、生产不同型号或不同生产时期（阶段）的配合饲料，使用方法各异，所以不要自行滥用，尤其是不能将两个厂家生产的不同品牌的饲料混用。

三、饲料品质鉴定

饲料的品质优劣直接影响到毛皮动物的生产性能，因此饲料品质的鉴定十分重要。

（一）肉类饲料品质鉴定

1. 外观观察　根据表 1–13 中各项指标确定肉类饲料的新鲜程度。

表 1–13　肉类饲料新鲜度的鉴定

鉴定项目	新　鲜	不新鲜	腐　败
外　观	肉表有微干燥外膜呈淡红色，切面湿润不发黏	肉表有风干灰暗外膜或潮湿发黏，切面潮湿发黏	肉表干或很潮，呈淡绿色，发黏有霉，切面暗灰色或淡绿色
硬　度	切面质地紧密有弹性	切面发软，弹性小，指压不能复原	无弹性，指轻压可刺穿肌肉
气　味	具本品种肉的特有气温	略带霉味	肌肉深、浅层均有异味
脂　肪	无酸败或苦味，呈黄或淡黄色，组织柔软	呈灰色，无光，黏手，有轻微酸败味	污秽有黏液，发霉呈绿色，具强烈的酸败味

2. pH 值测定　用蒸馏水浸湿红色和呈蓝色的石蕊试纸两条，贴于刚切开的肉面上，经数分钟观察试纸的颜色变化。若蓝色试纸变红，呈酸性；不变色，呈中性；红色试纸变蓝，则呈碱性。凡呈碱性的肉，已经变质。

（二）鱼类饲料品质鉴定

1. 外观观察　根据表 1–14 中各项指标确定鱼类饲料的新鲜程度。

表 1–14　鱼类饲料新鲜度的鉴定

检查项目	新　鲜	不新鲜	腐　败
尸　体	僵硬或稍软，手拿鱼头尾朝上能竖立	发软，弹性差	无弹性，鱼体不能竖立
腹　部	有弹性	弹性差	无弹性，肌肉松软
鳞　片	完整，有光泽	失去固有光泽，脱落少	灰暗，脱落较多
腮	颜色正常，无异味	变暗或呈紫红色，黏液多	有腐败异味

2. pH 值测定　切取鱼肉 10 克，切碎，加蒸馏水 100 毫升，浸泡 15 分钟，间断振摇，用滤纸过滤，再用 pH 试纸检测。鲜鱼 pH 值为 6.8～7.2，当 pH 值大于 7.3（碱性）时，说明已经变质。

（三）蛋类、乳品饲料品质鉴定

1. 蛋类　新鲜蛋的蛋壳表面有一层粉状物（即胶质薄膜），蛋壳清洁完整，颜色鲜艳，打开后蛋黄凸起、完整并带有韧性，蛋白澄清透明，稀稠分明。

受潮蛋的蛋壳有大理石状斑纹或污秽。孵化蛋，表面光滑并有反射光。变质蛋，蛋壳灰乌并带有油质，常可嗅到腐败气味。

2. 乳品　乳类新鲜程度应根据色泽、状态、气味和滋味鉴

定。正常鲜乳呈乳白或乳黄色，均匀不透明，无沉淀，无杂质，煮沸后无凝块；具特有的香味，可口稍甜。

不正常乳呈淡蓝色、淡红色或粉红色，黏滑，煮沸有絮状物或有多量凝乳块，具有葱蒜味、苦味、酸味、金属味及其他外来气味。不正常乳往往由细菌、乳房炎、饲料、容器或贮存不当等原因引起。

（四）干动物性饲料和干配合饲料品质鉴定

鉴定干动物性饲料和干配合饲料时，应注意颜色、滋味、气味和干湿度。凡失去固有颜色，粉粒结团，长有绿色或黄色霉菌，发出刺鼻的异味，舔尝时有哈喇味（即脂肪腐败味），说明已经变质，不能使用。

（五）谷物蔬果饲料品质鉴定

1. 谷物饲料 谷物饲料在贮藏不当的情况下，受酶和微生物的作用，易引起发热和变质。鉴定谷物饲料，主要根据色泽是否正常，颗粒是否整齐，有无霉变及异味等加以判断。凡外观变色发霉，生虫有霉味、酸臭味，舔尝时有酸苦等刺激味，触摸时有潮湿感或结成团块，均不能用。

2. 果蔬类饲料 新鲜的果蔬饲料具有本品种固有的色泽和气味，表面不黏。失鲜或变质的果蔬色泽晦暗、发黄并有异味；表面发黏，有时发热。

四、饲料加工与调制

（一）加 工

1. 肉类和鱼类饲料加工调制 新鲜的海杂鱼，经过检疫的牛羊肉、兔碎肉、肝脏、胃、肾、心脏及鲜血等，经过冷冻的要彻底解冻，去掉大的脂肪块，洗去泥土和杂质后粉碎生喂。

品质虽然较差，但还可以生喂的肉、鱼饲料，首先要用清水充分洗涤，然后用 0.05% 高锰酸钾溶液浸泡消毒 5～10 分钟，再用清水洗涤 1 遍，方可粉碎加工生喂。变质腐败的饲料，不能加工饲喂。

淡水鱼和轻度腐败变质、污染的肉类，需经熟制后方可饲喂。熟制的目的是为了杀死病原体（细菌或病毒）及破坏有害物质。淡水鱼熟制时间不必太长，达到消毒和破坏硫胺素酶的目的即可；为减少营养物质的流失，要尽量采取蒸的方式，蒸汽高压（1～2 千克 / 厘米 ^{2}）或短时间煮沸等。死亡的动物尸体、废弃的肉类和痘猪肉等应用高压蒸煮法处理，既可达到消毒的目的，又可去掉部分脂肪。

质量好的动物性干粉饲料（鱼粉、肉骨粉等），经过 2～3 次换水浸泡 3～4 小时，去掉多余的盐分，即可与其他饲料混合调制生喂。

自然晾晒的干鱼，一般都含有 5%～30% 的盐。饲喂前必须用清水充分的浸泡。冬季浸泡 2～3 天，每日换水 2 次，夏季浸泡 1 天或稍长一点时间，换水 3～4 次，就可浸泡好。没有加盐的干鱼，浸泡 12 小时即可达到软化的目的。浸泡后的干鱼经粉碎处理，再同其他饲料混合调制生喂。

对于难于消化的蚕蛹粉，可与谷物混合蒸煮后饲喂。品质差的干鱼、干羊胃等饲料，除充分洗涤、浸泡或用高锰酸钾溶液消毒外，还需经蒸煮处理。

高温干燥的猪肝渣和血粉等，除了浸泡加工之外，还要经蒸煮，以达到充分软化的目的，这样能提高消化率。

表面带有大量黏液的鱼，按 2.5% 的比例加盐搅拌，或者用热水浸烫，除去黏液。味苦的鱼，除去内脏后蒸煮熟喂。这样，既可以提高适口性，又可预防患胃肠炎。

咸鱼在使用前要切成小块，用海水浸泡 24 小时，再用淡水浸泡 12 小时左右，换水 3～4 次，待盐分彻底浸出后方可使用。质量新鲜的可生喂，品质不良的要熟喂。

2. 乳类和蛋类饲料加工　牛乳或羊乳，喂前需经消毒处理。一般用锅加热至 70～80℃，保持 15 分钟，冷却后待用。乳桶每天都要用热碱水刷洗干净，酸败的乳类（加热凝固成块）不能用来饲喂。鲜乳按 1∶3 加水调制，乳粉按 1∶7 加水调制，然后加入到混合饲料中搅拌均匀后饲喂。

蛋类（鸡蛋、鸭蛋、毛蛋、石蛋等），均需熟喂，这样除了能预防生物素被破坏外，还可以消除副伤寒菌类的传播。

3. 植物性饲料加工　谷物饲料要粉碎成粉状，去掉粗糙的皮壳。使用时最好采用数种谷物粉搭配（目前多用玉米面、大豆面、小麦面按 2∶1∶1 的比例混合），熟制成窝头或烤糕的形式。1 千克谷物粉可制成 1.8～2 千克成品。水貂、狐和貉养殖专业户、个体户，可把谷物粉事先用锅炒熟，然后将炒面按 1∶1.5～2 加水浸泡 2 小时，加入混合饲料饲喂，也可将谷物粉制成粥混合到日粮中饲喂。

大豆可制成豆汁。将大豆浸泡 10～12 小时，然后粉碎煮熟，用粗布过滤，即得豆汁，冷却后加入混合饲料中。也可以采用简易制作方法，即将大豆粉碎成细面，按 1 千克豆面加 8～10 千克水，用锅煮熟，不用过滤即可饲喂。

蔬菜要去掉泥土，削去根和腐败部分，洗净搅碎饲喂。番茄、西葫芦和叶菜以搭配饲喂较好。严禁把大量叶菜堆积或长时间浸泡，否则易发生亚硝酸盐中毒。叶菜在水中浸泡时间不得超过 4 小时，洗净的叶菜不要和热饲料放在一起。冬季可用质量好的冻菜，窖贮的大头菜、白菜等，其腐烂部分不能利用。春季马铃薯芽眼部分，含有较多的龙葵素，应去掉芽眼和变绿的部分需熟喂，否则易引起中毒。

4. 维生素饲料加工

（1）酵母　常用的有药用酵母、饲料酵母、面包酵母和啤酒酵母。药用酵母和饲料酵母是经过高温处理的，酵母菌已被杀死，可直接加入混合饲料中饲喂。面包酵母和啤酒酵母是活菌，喂前需加热杀死酵母菌。其方法是把酵母先放在冷水中搅匀，然后加热到 70～80℃，保持 15 分钟即可。少量的酵母也可采用沸水杀死酵母菌的办法。如果不杀死酵母菌（或没有完全杀死），可引起饲料发酵，使动物发生胃肠臌胀。加热的温度不宜过高，时间不宜过长，以免破坏酵母中的维生素。酵母受潮后发霉变质，不能用来饲喂。

（2）**麦芽** 麦芽富含维生素E。其制法是把小麦浸泡12～15小时，捞出后放在木槽中堆积，室温控制在15～18℃，每日用清水投洗1遍，待长出白色须根，将要露芽时再分槽，其厚度不超过2厘米，每日喷水2次，经3～4天（温度低，时间要长）即可生长出1～1.5厘米长淡黄色的芽。麦芽生长过程中，如果室温过高，易长白色霉菌，这时可用0.1%高锰酸钾液消毒处理。室内应通风、避光。光线的作用可使麦芽变绿，维生素E的含量降低，而维生素C的含量增高。麦芽可用绞肉机铰碎，一般应该绞碎2遍。

（3）**植物油** 植物油含有大量的维生素E，保存时应放在非金属容器中，否则保存时间长易氧化酸败。夏季最好低温保存，这样能防止氧化酸败。已经酸败的植物油不能用来饲喂。

（4）**维生素制剂** 鱼肝油和维生素E油，浓度高时，可用豆油稀释后加入饲料，胶丸鱼肝油需用植物油稍加热溶解后加入饲料。一般将2日量一次加入饲料效果较好。维生素B_1、维生素B_2、维生素C是水溶性的，三者均可同时溶于40℃的温水中，但高温或碱性物质（苏打、骨粉等）易破坏其有效成分。鱼粉、肉骨粉、骨粉、蚕蛹及油粕能破坏维生素A；酸败脂肪能破坏多种维生素。

5. 矿物质饲料加工 食盐可按一定的比例制成盐水，一般1∶5～10，直接加入饲料，搅拌均匀即可饲喂。也可以放在谷物饲料中饲喂。食盐的给量一定要准确，严防过量。骨粉和骨灰可按量直接加入饲料中。但不能和B族维生素、维生素C及酵母混合在一起饲喂，否则有效成分将会受到破坏。

（二）调　制

上述各种饲料准备好后，就可进行搅碎和混合调制。首先把准备好的各种饲料，如鱼类、肉类、肉类副产品及其他动物性饲料、谷物制品、蔬菜和麦芽等，分别用绞肉机粉碎。如果兽群小，饲料数量不大，可把各种饲料混在一起绞碎，然后加入牛奶、维生素、食盐水等，并充分进行搅拌。调制均匀的混合饲料，即迅速按量分发到各群。

在调制饲料的过程中，要注意以下几点。

第一，严格执行饲料单规定的品种和数量，不能随便改动。

第二，必须在饲喂前按时调制混合饲料，不能随便提前。应最大限度地避免多种饲料混合而引起营养成分的破坏或失效。

第三，为防止饲料腐败变质，在调制过程中，严禁温差大的饲料相互混合，特别是热天时更需注意。

第四，在调制过程中，水的添加量要适当，严防加入过多造成剩食。应先添加少许视其稠度逐渐增添。

第五，饲料调制后，机器、用具要进行彻底洗刷，夏天要经常消毒，以防疾病发生。

第二章
水　貂

第一节　养貂场建设

场址选择是建设养貂场的重要工作，若场址选择不合理，将会给以后的生产带来种种困难，增加非生产性消耗，提高饲养成本。因此，在建设水貂饲养场之前，一定要根据饲养水貂所要求的基本条件，组织专业科技人员，认真地进行场址的勘察工作，并做出建场的全面规划。养貂场选择场址时，应以自然景观、环境条件适合于水貂生物学特性要求为宗旨，以符合养貂场生产规模及发展远景为条件，并以具备稳定的饲料来源为基础，全面考虑，科学选址。

一、建场条件

（一）地理位置

1. 地理纬度　北纬35°以北地区适合饲养水貂；北纬35°以南地区不宜饲养，否则会引起毛皮品质退化和不能正常繁殖的不良后果。

2. 海拔高度　中低海拔高度饲养水貂适宜；高海拔地区（3 000米以上）不适宜，高山缺氧有损动物健康，紫外线光照度高亦降低毛皮品质。

（二）饲料条件

饲料是饲养毛皮动物的首要物质基础，必须在建场前搞好调查研究和论证，充分估测。首先考虑饲料来源、数量及提供季节等，然后确定饲养场的规模，对于不具备饲料条件的，其他条件再适宜也不能建场。

1. 饲料资源条件 具备饲料种类、数量、质量和无季节性短缺的资源条件。对水貂等肉食性毛皮动物来说，要重点考察动物性饲料资源条件，最好选在畜牧业发达的地区和鱼类资源丰富的江、河、湖、海和水库附近等地方，或肉类联合加工厂、畜禽屠宰场、鱼或肉类的冷库贮存单位附近等地方。

2. 饲料贮藏、保管、运输条件 主要指鲜动物性饲料的冷冻贮藏、保管条件和运输条件要方便。

3. 饲料的价格条件 具备饲料价格低廉的饲养成本条件。饲料的其他条件再好，但价格贵了，饲养成本高、养殖无效益的地区不能选建养貂场。

（三）自然环境条件

1. 地势 要求地势较高、地面干燥、排水通畅、背风向阳的地方。低洼、沼泽地带，地面泥泞、湿度较大，排水不利的地方不宜建场。

2. 用地与面积 应尽可能避免占用耕地，最好利用贫瘠土地或非耕地。占地面积既要满足饲养规模的设计需要，也应考虑到有长远发展的余地。

3. 坡向 坡地要求不要太陡，坡地与地平面之夹角不超过45°，坡向要求向阳南坡，非在北坡建场时，则要求南面的山体不能阻挡北坡的光照。

4. 土壤 沙土、沙壤土透水性较好，易于清扫和排除粪便及污物，这样的土质地面修建水貂棚舍较为理想。

5. 水源 养貂场的用水量很大，水质的好坏也对水貂的生长发育、繁殖和毛皮质量等有很大影响。所以，水源要充足、洁净，达到饮用水标准，用水量按1吨/100只·天计算。绝不能使用死水、臭水或被病菌、农药污染的不洁水。

6. 气象和自然灾害 易发洪涝、飓风、冰雹、大雾等恶劣天气的地区不宜选建场。

（四）社会条件

1. 能源、交通运输条件 养貂场应具有方便的交通条件。电源是养貂场不可缺少的能源，饲料的加工调制、冷冻贮藏和控光等都不能缺少电源。

2. 卫生防疫条件 环境清洁卫生，未发生过疫病和其他污染。养貂场不应与畜禽饲养场靠近（半径范围1千米以上），更不可与居民住宅区混在一起（距离1千米以上），以避免同源疾病的相互传染。曾经流行过畜禽传染病的疫区或疫源区，必须严格消毒，经检查符合卫生防疫的要求后方可建场。

3. 低噪声条件 养貂场一定要有安静环境。应常年无噪声干扰，尤其4～6月份更不应有突发性噪声刺激。

二、养貂场的规划布局

（一）规划布局的内容

养貂场应包括生产区（生产主体）、生产服务场区（主体的直接服务区）、职工生活和办公区（主体的间接服务区）。要加大生产主体即生产区的用地面积，尽量增加载貂量，根据实际需要尽量缩减主体服务区的用地面积，以保证和增加经济效益。生产区用地面积与服务区用地面积的比例应不低于4∶1。各种设施、建筑的布局时应方便于生产，符合卫生防疫条件，力求规范整齐。整个养貂场建设标准应量体裁衣，因地制宜，尽量压缩非直接生产性投资。

（二）各区域规划的具体要求

1. 生产区的规划要求 生产区是整个养貂场的核心，主要建筑为棚舍和笼箱，应设在光照充足、不遮阳、地势较平缓和上风向的区域。应将种貂和生产貂分开，设在不同地段，分区饲养管理；生产区内下风处还应设置饲养隔离小区，以备引种或发生疫病时暂时隔离使用。生活区、管理区的生活污水，不得流入生产区。

2. 生产服务区的规划要求 生产服务区中饲料贮藏加工设施应就近建于生产区的一侧，离最近饲养棚栋的距离20～30米，不要建在饲养场区内或其中心位置。生产服务场区水、电、能源设施齐全，布局中应考虑安装、使用方便。生产服务区布局应注重安全生产，杜绝水、火、电的隐患。

3. 生活服务区的规划要求 为保证有良好的生活条件，居民区应安置在环境最好、生活方便的地段，与生产区要相对隔离，距离稍远。生活服务区排出的废水、废物不能对生产区带来污染。

4. 办公区的规划要求 办公区应靠近居民较集中交通方便的地方，以便有效利用原有的道路和输电线路、方便饲料和其他生产资料的供应、方便产品销售以及与居民点的联系。但办公区与生产区应加以隔离。外来人员只能在管理区活动，特别是车库应设在管理区，严防病原菌。场外运输应严格与场内运输分开，场外运输车辆严禁进入生产区。

5. 环保规划要求 依据《中华人民共和国环境保护法》相关内容执行。按环保的要求，杜绝环境污染。饲养场区院外的下风向处应设置积粪池（场），粪便和垃圾集中在积粪池（场），经生物发酵后作肥料肥田；也可由粪农及时将粪便拉至场外沤肥。饲料室的排水要通畅，废水排放至允许排放的地方。另外，要加强绿化、美化环境；整个场区均要植树种花草，减少裸露地面，绿化面积应达场区的30%以上。

三、棚舍及笼箱建造标准

貂棚是用来遮挡雨、雪，防止日光直接照射的建筑。笼箱包括貂笼和小室（窝室），貂笼是水貂活动、采食、排便和交配的

场所。小室是水貂休息和产仔、哺乳的地方。棚舍和笼箱是养貂场的基本建筑，更是生产区的核心建筑。

（一）棚 舍

饲养水貂宜采用棚舍饲养，不提倡露天无棚式的简陋饲养。棚舍建筑要求通风采光、避雨雪。在棚舍设计、建造和改造的过程中，应考虑光照条件、空气质量、地理位置、水源条件等各种环境因素，创造适合水貂生理特点的饲养环境。貂棚的结构简单，只需棚柱、棚梁和棚顶，不需建造四壁。貂棚可用石棉瓦、钢筋、水泥、木材等作材料。修建时根据当地情况，就地取材，灵活设计。

貂棚的走向和配置与貂棚内的温度、湿度、通风和接受光照等情况有很大关系，应该根据当地的地形地势及所处地理位置综合考虑。棚舍走向一般以东西走向为宜，既便于种貂、皮貂分群饲养，又对夏季防暑有利。棚舍长度应根据场地实际情况，在确保采光和通风的条件下，自行确定走向和长度，一般为 25～50 米。棚与棚的间距为 3.5～4 米，相距太宽，占地面积大，浪费土地；太窄，光线暗，影响性器官的发育。

高窄式和通风透光水貂棚的建设标准见图 2–1 和图 2–2。

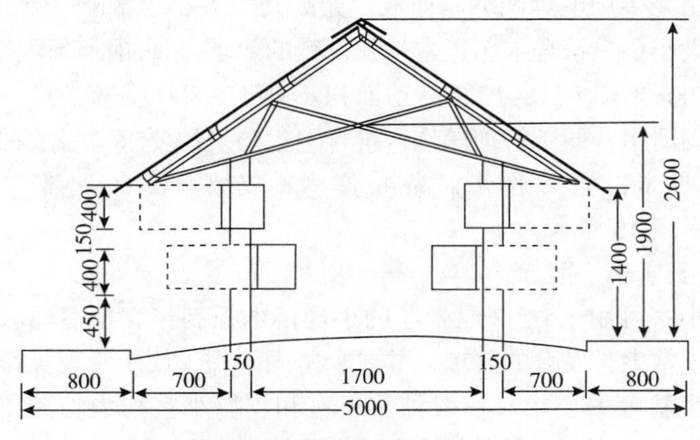

图 2–1 高窄式标准水貂棚舍 （单位：毫米）

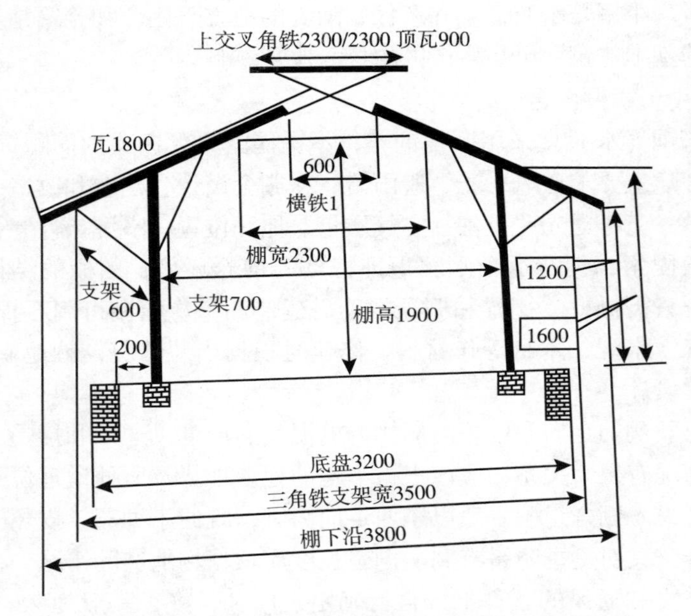

图 2-2　棚顶通风透光水貂棚舍（单位：毫米）

（二）貂　笼

貂笼多用电焊网编制而成。笼的网眼大小为 2.5～3.5 厘米。貂笼大小要求符合水貂正常生长发育的要求，种貂活动面积不低于 2 700 厘米^2/ 只，皮貂活动面积不低于 1 800 厘米^2/ 只，并要求坚固耐用，便于管理操作，符合卫生防疫的要求。一般种貂笼长 75 厘米，宽 45 厘米，高 45 厘米；皮貂笼长 60 厘米，宽 30 厘米，高 45 厘米。

（三）小　室

小室可用 1.5～2 厘米厚的小规格木板制作。小室要求符合水貂正常生长发育的要求，并要求坚固耐用，便于管理操作，符合卫生防疫的要求。一般种貂小室和皮貂小室均为长 38 厘米，宽 32 厘米，高 35 厘米。笼内要安装饮水盒和食盒。

（四）貂笼和小室的安装

貂笼和小室分别制作好之后，安装于貂棚的两侧，可安装成双层，也可单层安放。安装时要求貂笼和小室距地面的高度不低于 45 厘米。笼与小室要紧密相连，安装牢固。

貂笼和小室在制作和安装时均应符合以下几项要求：一是笼室内壁不能留有钉头、铁皮尖和铁丝尖，否则会损伤水貂毛皮。二是无自动饮水装置时，在笼内须安装一个饮水盒，水盒要易于添加饮水和洗刷消毒。三是貂笼和小室都要与地面保持 45 厘米以上高度的距离，以方便操作；笼与笼之间也必须留有 5～10 厘米的间距，以防止水貂打架时被咬伤。四是用食盒喂水貂的笼内，在笼门口用粗铁丝做一食盒架固定，防止水貂采食把食盒拱翻。

四、辅助设施建设

（一）饲料加工室

饲料加工室的设备包括洗涤设备、熟制设备、粉碎机、绞肉机、搅拌机、洗鱼机、电机等，用来冲洗、蒸煮、浸制及混合饲料。加工室的大小根据貂群大小而定。为便于洗刷，保证卫生，室内地面和墙围应用水泥抹光，同时应有上下水道。

（二）兽 医 室

兽医室应能满足水貂疾病预防、检疫、化验及治疗的需要，规模应与饲养种群相配套。兽医室要毗邻管理区，距水貂棚舍 50 米以上。应当具备完整的设施和设备。要包括消毒室、医疗室、无菌操作室（20 米^2）、焚尸炉或生物热坑。消毒室主要负责对外来人接待和消毒工作，以及消毒器械。医疗室配置各种医疗用药品和器械，如显微镜、冰箱、高压消毒器、免疫电泳仪、离心机等。

（三）取皮加工室

毛皮加工室属于生产区的一个重要组成部分，要求毗邻管

理区，距水貂棚舍50米以上，主要对毛皮产品进行初加工。依据初加工过程中的不同环节的具体要求，毛皮加工室应依次修建屠宰间、剥皮间、刮油间、洗皮间、上楦间、干燥间、贮存晾晒间、验质间。各加工间要求按顺序排开，互相直通。根据种貂规模确定面积，一般300只种貂，各间需30～40米^2。

第二节　水貂的品种及特征

一、标准水貂系列

（一）金州黑色标准水貂

金州黑色标准水貂是辽宁省大连金州珍贵毛皮动物公司以美国水貂为父本，丹麦水貂为母本，历时11年（1988—1998）自行培育出来的优良新品种，并于2000年5月通过农业部畜禽品种审定委员会审定，是我国唯一被正式认定的优良水貂新品种。

1. 体型外貌

（1）头部　头型轮廓明显，面部短宽，嘴钝圆，鼻镜湿润、有纵沟，眼圆、明亮，耳小。公貂头型较粗犷而方正；母貂头小较纤秀，略呈三角形。

（2）躯干　颈短而粗圆，肩胸部略宽，背、腰略呈弧形，后躯丰满，匀称，腹部略垂。

（3）四肢　较短而粗壮，前后足均具五趾，后足趾间有微蹼，爪尖利而弯曲，无伸缩性。

（4）体重　11月份时公貂2.1～2.6千克，母貂0.9～1.1千克。

（5）体长　11月份时公貂42～48厘米，母貂36～42厘米。

（6）体质　健壮。

2. 毛绒品质

（1）毛色　深黑，背、腹色泽一致，底绒深灰，下颌无白斑，全身无杂毛。

（2）毛质 针毛平齐，光亮灵活，绒毛丰厚、柔软致密，无伤残缺陷。

（3）毛长度 背正中线1/2处针毛长，公貂20～22毫米、母貂19～21毫米；绒毛长，公貂13～14毫米、母貂12～13毫米。针、绒毛长度比1∶0.65以上。

金州黑色标准水貂近年来又用美国短毛漆黑色水貂改良提高，改良的金州黑色标准水貂，公貂针毛长18毫米、绒毛长15毫米左右；母貂针毛长17毫米、绒毛长13毫米左右；针、绒毛长度比已从1∶0.65提高到1∶0.8左右。

（4）毛细度 背正中线1/2处针毛最粗部位53～56微米，绒毛12～14微米。

（5）毛密度 背正中线1/2处，冬毛密度12 000根/厘米^{2}以上。

3. 繁殖性能 幼龄貂9～10月龄性成熟，年繁殖1胎，种用年限3～4年。公貂参加配种率90%以上，母貂受配率95%以上，产仔率85%以上，胎平均产仔6只以上，年末群平均窝成活幼貂4.2～4.5只。仔貂成活率（6月末）85%以上，幼貂成活率（11月末）95%以上。

4. 生长发育 仔、幼貂生长发育迅速，尤其是断乳至4月龄生长发育速度更快，6月龄接近体成熟。公、母貂6月龄体重分别为2 100 ± 41.5克和1 180 ± 35.3克。

（二）美国短毛漆黑色水貂

1997年我国从美国引入了大体型短毛漆黑色水貂，现在中国农业科学院特产研究所和辽宁大连金州饲养场已风土驯养成功并获得了较优良的后代。其抗病力及适应性强，繁殖力高。

1. 体型外貌

（1）头部 公貂头部轮廓明显，面部粗短，眼大有神。公貂显得凶悍，母貂纤秀。

（2）躯干 颈短而圆，胸部略宽，背腰粗长，后躯较丰满，

腹部较紧凑。

（3）**四肢** 前肢短小、后肢粗壮，爪尖利，无伸缩性。

（4）**体重** 引种季节（9月下旬）公貂达2千克，母貂达1千克。成年平均体重公貂2.25千克，母貂1.25千克左右。

（5）**体长** 引种季节（9月下旬）公貂≥40厘米，母貂≥37厘米。成年体长公貂≥45厘米，母貂≥39厘米。

2. 毛绒品质

（1）**毛色** 漆黑，背腹毛色一致，底绒灰黑，全身无杂色毛，下颌白斑较少或不显。

（2）**毛质** 针毛高度平齐，光亮灵活有丝绸感，绒毛致密，无伤损缺陷。

（3）**针、绒毛长度及比差** 公貂针毛长16毫米、绒毛长14毫米左右；母貂针毛长12毫米、绒毛长10毫米左右；针、绒毛长度比5∶4左右。

（4）**外观** 毛被短、平、齐、亮、黑、细。

3. 外生殖器官

（1）**公貂** 触摸睾丸时两睾丸发育正常、匀称、互相独立、无粘连。

（2）**母貂** 阴门大小、形状和位置无异常，无畸形，乳头多而分布均匀。

（三）加拿大黑色标准水貂

加拿大黑色标准水貂体型与美国短毛漆黑色水貂相近，但毛色不如美国短毛漆黑色水貂深，体躯较紧凑，体型修长，背腹毛色不大一致。

（四）丹麦标准色水貂

丹麦标准色水貂与金州黑色标准水貂体型相近，疏松型体躯，毛色黑褐，针毛粗糙，针、绒毛长度比例较大，背腹毛色不尽一致，但其适应性强，繁殖力高。

二、彩色水貂系列

彩色水貂是黑褐色水貂的突变型。其毛色来自将近 30 个突变基因和这些基因的各种组合。到目前为止，水貂毛色基因的组合型已达到 100 余种。根据其色型主要分为咖啡色水貂系列、蓝色水貂系列、黄色水貂系列、白色水貂系列、黑十字水貂系列等。

彩貂的皮张色彩绚丽，深受广大消费者的青睐，特别是近年来彩貂皮价格比标准色貂皮每张高出 100～200 元，而养殖成本却不增加；因此，扩大彩貂养殖可明显提高经济效益，市场前景很好。但彩色水貂和特殊色型的水貂宜在大型饲养场饲养，中小型饲养场不宜饲养这些稀有类型或只适宜饲养其中 1～2 种类型。否则，不仅因群体小而容易近亲退化，而且也难以生产质量一致的批量产品，最终并不增加养殖效益。有些小型场（户）跟风养殖彩貂，养殖量又不大，花色类型却较多，结果把养貂场变成了展览园。实际上这是一种不正确的做法。

（一）丹麦红眼白水貂

丹麦红眼白水貂是丹麦近年来选育成功的针毛较细短的新类型红眼白水貂，有别于原针毛粗长型帝王白红眼白水貂。属 1 对白化基因和 1 对咖啡色基因共同组成的双隐性遗传基因型（ccbb）。体型外貌类似于标准水貂，全身被毛呈均匀一致的乳白色，眼粉红色，繁殖力、抗病力均略低于标准水貂。

（二）咖啡色水貂

咖啡色水貂被毛呈均匀一致的咖啡色，属 1 对咖啡色基因组成的单隐性基因型（bb）。与丹麦红眼白水貂杂交，子一代均为咖啡色，子一代横交或与丹麦红眼白水貂回交，子二代分离出丹麦红眼白水貂和咖啡色水貂。繁殖力、抗病力略低于标准水貂。

（三）蓝宝石水貂

蓝宝石水貂被毛呈均匀一致的天蓝色，属 1 对青蓝色（阿留申色）和 1 对银蓝色基因共同组合的双隐性遗传基因型（aapp）。

体型与标准水貂相仿，但体质紧凑清秀。纯种繁殖时繁殖力低、抗病力也低。

（四）银蓝色水貂

银蓝色水貂全身被毛呈均匀一致灰蓝色，属1对银蓝色基因所组成的单隐性遗传基因型（pp）。体型、外貌、繁殖性能、抗病力与标准水貂相同，但针毛较粗长，体质疏松。与蓝宝石水貂杂交时，子一代均为银蓝色型，子一代横交或与蓝宝石水貂回交时，子二代分离出蓝宝石水貂和银蓝色水貂。银蓝色水貂是杂交繁育蓝宝石水貂的最佳亲本。

（五）钢蓝色（铁灰色）水貂

钢蓝色水貂全身被毛呈均匀一致的蓝灰色，是银蓝色水貂中毛色较深带有钢铁颜色的类型。属1对银蓝色复等位（修饰）基因组成的单隐性复等位遗传基因型（psps、psp）。体型外貌同标准水貂，甚至比标准水貂更粗大，针毛较粗长，其毛皮是受市场青睐的产品。

（六）珍珠色水貂

珍珠色水貂全身被毛呈均匀一致的灰黄色，类似于珍珠颜色，故而得名珍珠色水貂，眼粉红色。属1对米黄色基因和1对银蓝色基因组成的双隐性遗传基因型（pp；bpbp）。体型、外貌类似于标准水貂，繁殖力、抗病力略低于标准水貂。

（七）米黄色水貂

米黄色水貂全身被毛呈均匀一致的米黄色，眼粉红色，属1对米黄色基因组成的单隐性遗传基因型（bpbp）。体型、外貌、抗病力、繁殖力与标准水貂相仿。

（八）黑十字水貂

黑十字水貂毛色呈黑白两色相间，黑色毛在背线和肩部构成明显的黑十字图案，新颖而美观。属1对黑十字显性基因或1对杂合基因所组成的显性遗传基因型（SS、Ss），显性纯合个体（SS）无胚胎致死现象。体型、外貌、繁殖力、抗病力同标准水貂。

（九）丹麦棕色系列水貂

1. 丹麦深棕色水貂 全身被毛呈均匀一致的黑棕色，暗环境下毛色与黑褐色水貂相似，但光亮环境下，针毛黑褐色，绒毛深咖啡色，且随光照亮度、角度不同而变化，体型与标准水貂相似。其毛皮属国际市场流行产品。

2. 丹麦浅棕色水貂 体型较大，针毛呈棕褐色，绒毛呈浅咖啡色，类似咖啡色水貂，但比咖啡色水貂更艳丽。

第三节 水貂的繁殖技术

在人工饲养条件下，水貂 8～9 月龄性成熟，当年育成的水貂，第二年春季就可配种，种貂一般利用 3～4 年。季节性繁殖，每年 2 月下旬至 3 月份发情交配，4 月下旬至 5 月份产仔。平均胎产仔 5.5～6.5 只，变异幅度 1～19 只。

一、发 情

（一）发 情 期

水貂是季节性多次发情动物。水貂的发情期从 2 月底至 3 月下旬，历时 20～25 天。在整个发情配种季节中，公貂始终处于发情状态。母貂出现 3～5 个发情周期，每个发情周期通常为 7～10 天，其中发情持续期 1～3 天，间情期 5～6 天。

（二）发情表现

发情的公貂食欲下降，活动加强，呈现兴奋状态，时而嗅舔生殖器。频尿，尿色深绿，时而发出"咕、咕"的求偶声。母貂外生殖器官充血、肿胀、外翻、分泌物增多，且湿润有黏性，多数呈白色或粉白色。

（三）发情鉴定

在发情配种期要对公母貂进行发情鉴定，特别是要对每只母貂做好发情鉴定，掌握其发情周期的变化规律，使发情的母貂得

到及时交配，才能提高母貂的受配率及受胎率，提高繁殖效果，同时也可避免公貂的体力消耗和公母貂的伤亡。

1. 种公貂发情鉴定 种公貂发情与睾丸发育状况直接相关，通过检查睾丸发育，可预测其配种期发情情况。种公貂在12月份，睾丸比静止期大1倍以上，取皮期就应进行检查，以便淘汰睾丸发育不良的公貂。公貂两侧睾丸发育正常，互相游离，下降到阴囊中，配种期来临前均能正常发情。

种公貂在配种来临前，对母貂的异性刺激有性兴奋行为，公貂会发出"咕、咕"的求偶叫声，是正常发情和有性欲的表现。

2. 种母貂发情鉴定 种母貂应于12月底、1月底和2月底，开始进行发情检查，配种期根据需要随时进行。配种前所进行的发情鉴定，有助于了解种貂群发情进度，既便于配种期安排交配顺序，又能及时发现准备配种期饲养管理中存在的问题。种母貂正常情况下2月底时，至少都应发情1次。

种母貂发情鉴定主要方法有，行为表现、外生殖器官形态观察、阴道细胞图像观察和放对试情4种方法。有条件的貂场应将4种方法结合起来进行综合判定，但以外生殖器官形态观察为主，以阴道细胞图像观察为辅，以试情为准。

（1）行为表现 母貂频繁出入小室；有时腹卧笼底爬行，磨蹭外阴部；有时也发出叫声；排尿频繁，尿呈淡绿色（平常白黄色）。

（2）外生殖器官形态观察 手戴厚一些的棉手套捕捉母貂，抓住母貂尾巴，头朝下臀朝上保定，观看母貂外生殖器（阴门）的形态变化。

①静止期 阴毛闭拢呈束状，外阴不显。

②发情前期 阴毛略分开，阴门显露；阴门逐渐肿胀外翻，阴蒂显露；阴门黏膜色泽红润；稀薄的黏液分泌物逐渐增多。

③发情期 阴门肿胀、外翻不再继续，阴门色泽开始变淡，黏膜开始皱缩，分泌物开始减少并变得浓稠。

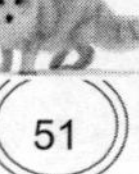

④发情后期 阴门肿胀、外翻明显回缩，色泽变得灰暗，黏膜亦明显皱缩，分泌物干涸。发情期是放对配种的最佳时机，公、母貂易达成交配。

（3）阴道细胞图像观察 将吸管或玻璃棒插入母貂阴道吸取分泌物，置于载玻片上，在200～400倍显微镜下观察。

①静止期 仅见到小而圆的白细胞，碎玻璃状的角化上皮细胞没有或极少。

②发情前期 角化上皮细胞逐渐增多，白细胞逐渐减少。

③发情期 有大量的角化上皮细胞，基本上看不到白细胞。

④发情后期 角化细胞崩解或聚拢，又可见到较多的白细胞。

（4）放对试情 将母貂放入试情公貂笼中，依据母貂的性兴奋反应来鉴别发情。

①发情前期 母貂拒绝公貂捕捉和爬跨，扑咬强行爬跨的公貂，或爬卧笼网一角，对公貂不理睬。

②发情期 母貂不拒绝公貂爬跨，被公貂爬跨时表现顺从温驯，尾翘起。

③发情后期 母貂强烈拒绝公貂爬跨，扑咬公貂头部或臀部。

放对试情要注意，应选择有性欲、性情比较温和的公貂作为试情公貂；放对试情的时间不宜过长，达到试情目的后要及时分开；经试情确认母貂已进入发情期，要抓紧时间让母貂受配。

二、配 种

母貂进入发情期后要适时初配、复配，才能确保交配质量，以提高受胎率。

（一）配种方式

各地区水貂发情配种开始的时间有差异。山东开始配种时间一般是2月22日，黑龙江是3月3日。如3月1日开始配种，3月7日前为初配阶段；3月8日后为初、复配并进阶段。一般常用的配种方式是，在3月1～7日发情的母貂，在初配阶段初配

1次，待其3月8日后再次发情时，再配1～2次。3月8日以后发情并初配的母貂，连日或隔日复配2次（连续复配），就结束配种。下面介绍不同规模养貂场的配种过程。

1. 养万只种貂以上的貂场　公貂按1∶5比例搭配摆放在母貂中间，母貂不搞发情鉴定，公貂不搞训练，只做睾丸检查。初配在2月28日（山东）或3月5日（黑龙江）开始，配种原则是，先配经产母貂，后配小貂，配上的隔8天后复配（如3月1日初配成功的要到10日才复配），配2次就结束配种。

2. 养千只种貂以上的貂场　公貂按1∶5比例搭配摆放在母貂中间，有条件做发情鉴定，但不做角化细胞检查。配种原则是，先配经产母貂，后配小貂，初配时天明就将母貂抓入公貂笼内，1小时后检查，若配上了，8天后复配1次，配2次后结束配种；若配不上，第二天再配，直至配上，然后8天后再复配1次，配2次后结束配种。

3. 养100只以上种貂的散户　养殖条件虽差，但多是户主亲自操作，养殖数量虽少，但时间充足。公貂按1∶5比例搭配摆放在母貂中间，采用外阴检查法进行发情鉴定。对2月28日至3月8日完成初配的母貂，复配时采用连续2次配种的方法就结束配种。

（二）配种注意事项

公、母貂放对后要注意观察交配行为，特别要注意公貂交配中，经常出现假配行为，应注意识别。

1. 真配　公貂后裆部弯曲在母貂后臀部长时间不脱离，即使翻滚或躺倒时亦不分开；继而可观察到公貂两眼迷离，后肢强直，紧紧拥抱母貂的射精动作，母貂伴有“嘎、嘎”的低吟声时，可确定为真配。真配的时间至少持续5分钟以上，交配结束后母貂阴门红肿。

2. 假配　公貂后裆部不能较长时间与母貂后臀部紧密接触，翻滚或躺倒时公貂后躯即伸直，公貂两眼发贼，看不到射精动

作，此为假配。查看母貂阴门无交配过的红肿现象。

3. 误配　指公貂阴茎误插入母貂的肛门内，母貂因疼痛而发出刺耳尖叫声并拼力挣脱，查看母貂肛门有红肿或出血现象。

发现误配和假配时，要及时更换公貂与母貂交配。母貂经 3 天放对，已被公貂爬跨，但未交配成功时（母貂可能已排卵），要停止放对配种，待下一发情周期时再放对交配。

（三）种公貂的利用技术

1. 交配频率　公、母貂适宜性比为 1∶4～5；水貂配种初期日放对 1 次，复配阶段日放对 2 次，2 日内交配成功 3 次时要休息 1 天。

2. 种公貂利用率　配种初期主要任务是训练公貂尤其是幼公貂学会配种，以便为配种旺期打好基础。公貂在配种的初配阶段，利用率就应达 85% 以上。

训练公貂主要是选择性情较温驯的发情母貂与其放对。注意观察公貂的交配行为，只要公貂有性欲要求，每次放对交配行为逐渐正常和熟练，就应坚持训练。公貂学会配种以后，再交配其他母貂就比较容易成功了。训练公貂交配的过程中要有足够的耐心和爱心，禁止粗暴地恐吓和扑打公貂。训练公貂时要特别注意防止公貂被母貂咬怕（公貂最怕头部被咬）或咬伤，否则，会使公貂发生性抑制而失去利用机会。

放对配种中要注意观察每只种公貂交配行为的特点，对交配速度快和母貂不站立、不抬尾也能交配成功的有特殊交配技能的公貂，要控制使用，以便专门用于难配母貂的配种。

3. 提高种貂放对配种的效率　放对前 1 天就要做好有目的性的放对计划。放对时优先给交配急切和交配成功率高的公貂放对。同日内既有复配又有初配母貂时，应当优先给需复配的母貂放对。

4. 注意择偶性　公、母貂之间均存在不同程度的择偶性，有些个体表现出很强的择偶性。择偶性强的公貂应控制使用，择偶性强的母貂可通过多与公貂试情来选择合适配偶。

（四）种公貂精液品质检查

公貂精液质量好坏直接影响母貂受胎率的高低，因此配种期进行精液品质检查极为重要。检查过程中如果发现个别公貂精液品质不合格，则只淘汰个别公貂；若发现种群精液品质普遍下降时，要及时查明原因，加强饲养管理（补喂奶、蛋、肝等全价蛋白质饲料，补加维生素 A 和维生素 E）。

1. 检查方法 精液品质检查必须在 20～25℃的温暖室内进行。载玻片、吸管应预热至 37℃备用。在母貂结束交配后尽快将吸管或细玻璃棒插入母貂阴道内 5～7 厘米深，蘸取少量精液滴在载玻片上，置 200～600 倍显微镜下观察。

2. 精液品质检查 主要检查精子密度、精子活力和精子畸形率。

（1）精子密度 精液中精子密不可分呈云雾状为稠密；精子之间有 1 个精子的距离为稀薄；居两者之间为较密。精子稀薄的精液为不合格精液。

（2）精子活力 指呈直线前进运动的精子所占的比例，精子活力要求 0.7 以上，低于 0.7 为不合格精液。

（3）精子畸形率 精子畸形是指尾部弯曲、头部脱落和顶体脱落等不同于正常精子形态的异常精子。各类畸形精子比例超过 20% 为不合格精液。

配种初期要注意种公貂精液品质检查，若第一次开对后检查公貂精液品质不良，不应立即淘汰，因为每年配种期公貂第一次排出的精液质量普遍较差，也可能是公貂没有真正射精。所以，要经 3 次连续检查确认公貂精液品质不良后，应立即淘汰，并将其交配过的母貂更换精液品质好的公貂及时补配。

三、妊　娠

（一）水貂妊娠的特点

妊娠母貂新陈代谢旺盛；喜静厌惊，活动减少，小心谨慎，

喜卧于笼网上晒太阳；妊娠母貂抗应激性降低，抗病力下降，易患消化道、生殖系统疾病。发生疾病往往会引起妊娠中断；妊娠母貂饮欲增强，饮水增加。

水貂妊娠天数短则 37 天，长至 85 天，平均 47 ± 1 天，实际妊娠期为 30 ± 2 天，妊娠期不固定，变动范围极大是水貂妊娠最大特点；其原因是交配后受精卵发育成胚泡后，不立即着床，而是在子宫内游离，即存在胚泡延迟植入的现象。

（二）缩短水貂胚泡滞育期的措施

1. 饲喂黄体酮　本课题组的试验表明，从最后一次配种结束之日开始投喂黄体酮，高于每只每天 2 毫克的剂量都可以缩短母貂的妊娠期，但以每天饲喂 6 毫克，连续饲喂 14 天的效果最好，母貂妊娠期缩短 1.89 天，产仔率提高 8%，仔貂 3 日龄成活率提高 7.27%。投喂时分早晚 2 次或一次性投喂均可，但一定要确保母貂能将药片食入。

2. 适当掌握复配落点　水貂胚泡滞育期随着配种结束日期的推迟而逐步缩短。这就要严格掌握水貂发情规律，适当掌握复配落点，即在配种旺期完成复配可获得较高的胎平均和群平均产仔数。旺期达成初配的母貂应尽量在 2 天内完成复配。

3. 延长光照时数　实践证明，延长光照时数，可诱导孕酮提前分泌，从而使胚泡着床。可采取人工增加光照时间的方法，一般光源用 40 瓦或 60 瓦的节能灯，在貂棚内每间隔 2.5～3 米悬挂 1 只，节能灯距离水貂笼笼网顶面 70～80 厘米高；当有 1/3 母貂配种落点结束后，开始开灯延长光照时数。第一次开灯时的总光照时数（自然日照时数加上开灯时间）要达到 12 小时 30 分钟（由于各地区的自然光照时间长短不同，因此需要向当地气象部门查询或通过网络查询获得自然光照时数后，用 12 小时 30 分钟减去自然光照时数后，就是首次开灯的时间），以后每隔 5 天总光照时数增加 15～30 分钟（开灯时间的计算方法都是总光照时数减去当天的自然日照时数）；直至总光照时数达到夏

至那一天的日照时数时或在 4 月 20 日有母貂产仔了，就不要再延长了，就始终保持这一总光照时数。当有 1/2 母貂产仔结束时，就不再开灯延长光照时间了，控光养貂结束，此时让水貂只接受自然光照。控光养貂可缩短水貂胚泡滞育期 2～5 天，使母貂提前和集中产仔，仔貂 3 日龄成活率提高。

4. 适当减少复配次数 复配可以阻止胚泡附植而拖延妊娠期和增加空怀率。实践证明，只配 1 次的母貂产仔数并不低，受胎率也很高。关键是严格掌握发情配种的原则和时机，减少放对次数，杜绝那种不管发情不发情的轮换式放对方法。应先配经产貂、后配初产貂，先配发情好的、后配发情不明显的，尽量 1～2 次，最多不超过 3 次为好。

（三）水貂妊娠期的注意事项

为使胎儿能正常生长发育，生产中应对母貂做好以下工作。

第一，要营造安全、安静和日照时间渐长的环境条件，勿用外源激素干扰其繁殖生理的正常规律。

第二，确保饲料品质要新鲜，营养要全价，适口性要强，数量要适当。妊娠后期营养适当增加，主要增加优质动物性饲料。

第三，预防和及早治疗消化道、生殖系统疾病。

第四，供给充足洁净的饮水。

第五，做好产仔保活准备工作，特别是产箱絮草保温工作。提倡水貂铁网围草，即使是温暖地区，絮草保温也不可缺少。

四、产　仔

4 月下旬至 5 月下旬是母貂的产仔期，其中 5 月 1 日前后是产仔旺期。

（一）产仔过程

母貂临产前叼草絮窝，用嘴啃咬乳房周围的毛被（俗称拔乳毛），多数拒食 1～2 顿，产仔时间多在傍晚或清晨，白天产仔的较少。产仔时母貂呼吸加快，身体不时旋转，腹部阵缩并发出

低沉的呻吟。当胎儿露出阴门时，时常用牙齿轻轻牵拉协助胎儿娩出。产仔过程通常1～2小时，个别有间隔一至几日分批产仔的。胎儿娩出后，母貂立即咬断脐带，舔食胎液、胎膜和胎盘。通常每隔5～20分钟娩出1只，产后3～4小时即可排出油黑色的食胎盘的粪便。产仔多在小室内进行。产仔间隙也有时在笼网上喘息，此时若遇胎儿娩出，很可能从笼网眼中掉落于地上。产仔过程中母貂口渴，饮水增加。产仔过程中，母貂对接连产出的仔貂照顾不周，但产仔结束以后母貂立即表现出强烈的母性，可见到母貂仔细舔舐仔貂，这种舔舐的本能具有调节仔貂的体温，增强活力的作用。经舔舐后的仔貂，在母貂腹部寻找奶头，母貂亦安静哺乳。

产后母貂往往停食1～2顿才开始正常采食。仔貂健康和母乳充盈的情况下，母貂很少离开小室，母子关系一直非常融洽，直至仔貂开始采食饲料、母貂泌乳力降低时（一般在1个月以后），才见到母貂拒绝给仔貂哺乳的行为，但其他方面的照顾仍表现出强烈的母性。产仔母貂害怕惊扰，过度惊恐会遗弃甚至咬食仔貂。

（二）影响仔貂成活率的主要因素

影响仔貂成活率的因素主要是仔貂的健康状况、窝箱温度、母貂泌乳能力及母性等。

1. 初生仔貂的健康状况 初生仔貂体重正常、健康，成活率才能提高；水貂仔貂初生重低于6克的弱仔都难以成活；初生重超过12克的仔貂，也会在娩出时发生窒息而死亡；初生仔貂健康无疾患才会有正常生活力，患红爪病、脓疱症等疾患时，生活力明显降低；初生仔貂胎毛干后体温升高时才具备吮乳能力。

2. 窝箱温度适宜 仔貂初生时，产箱内宜温暖，35℃时仔貂生活力最强，20℃以上时，活力正常，低于20℃活力下降，12℃时即假死呈僵蛰状态。青岛农业大学的研究结果表明，分娩后1～5天各天仔貂死亡率高低主要受窝箱温度高低的影响，以分娩当天窝箱温度最低，死亡率最高为5.61%，以后各天随窝箱温度逐渐升高，死亡率逐渐下降，至分娩后3～4天窝箱温度达到或超过12℃时，死亡率为0。分娩后1～5天的平均窝箱温度逐渐升高，至第3～5天达到或超过12℃，达到或超过12℃时间的早晚主要受母性强弱的影响；母性强则窝箱升温快，反之则慢。所以，水貂产仔前一定要做好窝室保温工作，才能提高仔貂的成活率。

仔貂3周龄以后由于采食饲料和运动增强，产箱内温度宜凉爽。

3. 母貂的母性 仔貂需要母貂护理才能成活，母貂母性不强会导致仔貂死亡。母性的发挥依赖于母体健康和泌乳正常。

4. 母貂泌乳能力 母乳是仔貂3周龄之前的唯一食物，母貂无乳或缺乳会饿死仔貂，所以母貂的泌乳量要充足。母貂的泌乳量和乳汁质量个体间有较大差异。

5. 安静的环境 产仔母貂易惊恐，惊吓过度会出现叼仔、咬死仔貂、食掉全窝仔貂现象，还会出现母貂泌乳量减少，或不分泌乳汁、不哺育仔貂的现象。使产仔哺乳期母貂受到惊吓发生异常反应的噪声主要有：快速走动、清理粪便、粗暴操作、高声喊叫、安装产箱、燃放鞭炮、机动车鸣喇叭、敲锣打鼓和开山放炮等，其中，快速走动、清理粪便、粗暴操作和高声喊叫对水貂的影响相对较小，生产中不会造成大的损失；而安装产箱、燃放鞭炮、机动车鸣喇叭、敲锣打鼓和开山放炮等是最强烈的噪声，对产仔哺乳期水貂危害严重。所以，产仔哺乳期保持貂场安全、安静是非常必要的。

（三）产仔保活技术措施

产仔保活必须采取综合性技术措施。

1. 做好产仔准备工作 产前（主要是妊娠后期）加强饲养，一方面可以保证初生仔貂健康有较强的生活力，另一方面可以保证产后乳汁分泌充足，所以产前要充分保证母貂的营养需要，增加优质动物性饲料比例。其次要在4月中旬做好产箱的清理、消

毒及垫草保温等管理工作，特别是窝室的保温。窝室保温的垫草要清洁、干燥、柔软，不易碎，以山草、软杂草、乌拉草等为好，稻草也可以，但要捣得松软，麦秸硬而光滑又易折碎，保温效果较差，不宜使用。絮草时要把草抖落成纵横交错的草铺，箱底部和四角的草要压实，中间留有空隙。

2. 建立昼夜值班制度 产仔期要建立昼夜值班制度，值班人员主要任务是及时发现产仔母貂，对落地、受冻挨饿的仔貂和难产母貂及时救护，给产仔母貂添加饮水，并做好记录。

对落地冻僵的仔貂及时捡回，放在20～30℃温箱内或怀内温暖，待其恢复活力，发出尖叫声后送还母貂窝内。

3. 适时检查母、仔貂 产后检查是产仔保活的重要措施，主要采取听、看、检相结合的方法进行。听，就是听仔貂叫声。看，就是看母貂的采食泌乳及活动情况。若仔貂很少嘶叫，嘶叫时声音短促洪亮，母貂食欲越来越好，乳头红润、饱满、母性强则说明仔貂健康。检，就是直接打开小室检查，先将母貂诱出或赶出室外，关闭小室门后检查。健康的仔貂在窝内抱成一团，浑身圆胖，身体温暖，拿在手中挣扎有力，反之为不健康。检查时饲养人员最好戴上手套，手上不要有强烈异味（香水、香皂、烟味等），否则仔貂身上沾染异味，会被母貂遗弃。

（1）首次检查 需在产仔母貂排出了食胎衣、胎盘的油黑色粪便后，在天气晴朗温暖的时候进行。检查目的主要是了解母、仔貂健康状况，仔貂吮乳和母貂泌乳情况。仔貂鼻镜蹭得发亮，周边毛绒内沾染灰尘是已吮乳的迹象。如果身体温暖、腹部饱满，则为吃上初乳迹象。如身体发凉、腹部瘦瘪则为没吃上初乳或没吃饱初乳的迹象，此时应进一步检查母貂乳头发育和泌乳情况。如发现母貂产后不吃食，应检查其恶露是否排完，如恶露不净，要及时注射缩宫素和抗菌消炎药物。

（2）重复检查 是“听”（听仔貂叫声）、“看”（看母貂行为）情况是否异常，如母貂行为异常（拒食、少食、频繁出入产

箱、不护理仔貂）或仔貂叫声异常（嘶哑、冗长）时应及时进行检查；或为查明仔貂生长发育状况，每7～10天定期进行。复检主要目的仍是母貂健康、泌乳和仔貂健康、生长发育情况。

4. 适时代养 产仔母貂母性异常或泌乳异常时，或母貂产仔数超过7只仔貂时，要及早对其所产仔貂进行代养。代养时要求代养母貂与被代养母貂产期相近（不超过3天）；代养母貂应母性好、泌乳力强、同窝仔貂数少。代养时操作人员先用产箱内或笼底下的垫草把手搓擦一遍，不要让被代养仔貂身体上沾染手上的异味，然后把被代养仔貂混入代养母貂窝内，或放在产箱门口，让代养母貂叼回均可。

5. 检查仔貂生长发育和母貂泌乳情况 结合复检要定期检查仔貂生长发育和母貂泌乳情况，遇有大群仔貂生长发育滞后，母貂泌乳力不足时，要尽快查找原因，改善饲养管理。

6. 保持环境安静、卫生 产仔母貂喜静厌惊，过度惊恐会引起母貂弃仔或食仔，故必须避免噪声刺激，谢绝参观。仔貂采食饲料后所排泄的粪尿，母貂已不再舔食，故必须搞好以小室为主的环境卫生，预防疾病。

7. 及时分窝 仔貂30日龄以后，母仔关系疏远，仔貂间也开始激烈争食和咬斗，但此时母貂除回避和拒绝仔貂吮乳外，对仔貂还很关怀，遇有争斗时母貂进行调停。40日龄以后仔貂间、母仔间关系更加疏远，有时会出现仔貂间以强欺弱或仔貂欺凌母貂的现象，严重的甚至出现仔貂中强者残食弱者或仔貂残食母貂的行为。故一般仔貂在40～45日龄时应立即断乳分窝。

第四节　水貂的饲养管理

一、水貂生物学时期的划分

由于水貂是季节性繁殖和换毛的动物，在人工饲养条件下，根据水貂一年四季不同生物学时期的生理变化和营养需要特点，为了饲养管理上的方便，可将水貂的年生产周期划分为几个不同的饲养时期（表 2–1）。但必须指出的是，水貂各个饲养时期是相互联系的，后一个时期均以前一个饲养时期为基础，不能截然分开，如先配种的种貂有的已进入妊娠或产仔哺乳期，而后配种的种貂可能仍在配种期或妊娠期。

全年各生产时期都重要，前一时期的管理失利会对后一时期带来不利影响，任何一个时期的管理失误都会给全年生产带来不可逆转的损失。但相对来说繁殖期（准备配种期至产仔哺乳期）更重要一些，其中尤以妊娠期更为重要，是全年生产周期中最重要的管理阶段。

表 2–1 水貂的饲养时期

<table>
<tr><th rowspan="2">性 别</th><th colspan="12">月 份</th></tr>
<tr><th>1</th><th>2</th><th>3</th><th>4</th><th>5</th><th>6</th><th>7</th><th>8</th><th>9</th><th>10</th><th>11</th><th>12</th></tr>
<tr><td rowspan="2">成年母貂</td><td colspan="2" rowspan="2">准备配种后期</td><td rowspan="2">配种期</td><td colspan="5" rowspan="2">种貂恢复期</td><td colspan="2">准备配种前期</td><td colspan="2">准备配种中期</td></tr>
<tr><td colspan="4">冬毛生长期</td></tr>
<tr><td rowspan="2">成年公貂</td><td colspan="2" rowspan="2">准备配种后期</td><td rowspan="2">配种期</td><td rowspan="2">妊娠期</td><td colspan="2" rowspan="2">产仔泌乳期</td><td colspan="2" rowspan="2">种貂恢复期</td><td colspan="2">准备配种前期</td><td colspan="2">准备配种中期</td></tr>
<tr><td colspan="4">冬毛生长期</td></tr>
<tr><td>幼龄貂</td><td colspan="4"></td><td colspan="2">哺乳期</td><td colspan="2">生长期</td><td colspan="4">冬毛生长期</td></tr>
</table>

二、准备配种期的饲养管理

准备配种期从 9 月中下旬开始到 2 月末，气候逐渐转冷并进入低温的寒冬。该阶段内从水貂自身代谢特点看，一方面水貂正处于脱夏毛长冬毛并且冬毛逐渐发育成熟；另一方面水貂的性腺等性器官逐渐发育并成熟。根据上述特点，水貂在该阶段内的

营养需要特点是，从饲料获取的营养物质首先要保持正常的生命活动的需要，其次是保证冬毛生长发育的需要，在此基础上，剩余的营养物质才能用来满足性腺等性器官发育的需要。而作为种貂，就是要通过准备配种期饲养管理，使其在配种前性腺等性器官达到完全的发育成熟和有良好的体况，为配种奠定良好的基础。所以，准备配种期饲养管理的中心任务就是，供给种貂充足优质的饲料，充分保证和满足水貂性腺等性器官发育的营养需要，同时调整好种貂体况，在配种前达到配种体况要求。

（一）准备配种期的饲养

1. 准备配种前期 此期气候逐渐转冷，水貂性腺发育刚刚开始，全群正处于脱夏毛长冬毛，成年貂夏季食欲不振，体况偏瘦，食欲开始恢复，幼龄种貂继续生长发育的时期。水貂从饲料获取的营养物质主要用于御寒、冬毛生长和性腺等性器官发育。所以，较上一个时期（成年貂恢复期和幼龄貂育成前期）营养物质需求量增多。因此，在饲养上应适当提高日粮标准使水貂增加肥度。日粮总量为350～400克/天·只，其中总热量应达到1 250千焦/天·只，粗蛋白质25～30克/天·只。注意提高优质的动物性饲料比例（达到70%），且品种要多样化。为促进冬毛生长，应供应富含蛋氨酸、胱氨酸的饲料，如动物肝脏、羽毛粉、鸡蛋和全鱼等，要注意增加维生素A和维生素E的持续补给和适当增加动物脂肪的给量。

2. 准备配种中期 此期气温较低，性腺发育较快；水貂获取的饲料营养多用于产生热量维持体温。所以，此期的日粮标准应保持前期水平，其中动物性饲料必须达到70%～75%，蛋白质给量要在30克/天·只以上，日粮中应增加少量脂肪，并添加鱼肝油和维生素E等。但在饲养时要注意，应适当控制种貂体况，调整膘情，种貂既不能养得太瘦，如果过瘦，到后期，损害的器官无法恢复功能，水貂不能正常发情和配种；如果太肥，会影响卵细胞生成，繁殖力下降。所以，种貂体况要适中，即壮而不肥，瘦要有肉。

11～12月份正是取皮季节，切不可只忙于取皮工作忽视对种貂的饲养管理，否则对下年的繁殖势必产生不良的影响。

3. 准备配种后期 水貂性腺发育迅速，生殖细胞全面发育成熟，1月份公貂附睾内有精子贮存，母貂已有发情表现。此期水貂体况容易上升，体重易增加。因此，饲养上的重点仍是调整日粮标准，控制体况过肥，使种貂达到配种前的适宜体况。

日粮要求：营养应均衡、营养价值要提高，热量标准要适当降低（标准稍低于前期和中期）。日粮总量为250克/天·只左右，其中总热量为1 045千焦/只·天，粗蛋白质超过25克/只·天。日粮中动物性饲料占75%左右，且由鱼类、肉类、内脏、蛋类等组成；谷物饲料可占20%～22%，蔬菜可占2%～3%或更少。饲料中应添加催情饲料，如动物脑、大葱、松针粉等，以及鱼肝油1克（含维生素A 1 500国际单位）、酵母4～6克，麦芽10～15克或维生素E 5毫克、大葱2克。

准备配种期大部分时间处于寒冷季节，为防止饲料冻结，便于水貂采食，一般日喂2次，饲料早、晚比例为4∶6，饲料加工时颗粒要大些，稠度要浓些，十分寒冷时最好用温水拌料，以减少水貂的能量消耗，节约饲料。

水貂准备配种期的日粮标准和日粮配合示例见表2–2。

表2–2 水貂准备配种期的日粮标准

准备配种期		前 期	中 期	后 期
总代谢能（千焦）		1 087～1 250	1 003～1 045	1 003～1 045
各类饲料比例（%）	动物性饲料	70	70	65～75
	谷物（膨化）	25	25	20～30
	蔬菜	5	5	5
蛋白质（克）		20～30	20～30	25～32（公） 20～26（母）

续表 2–2

准备配种期	前　期	中　期	后　期
脂肪（克）	10～15	10～15	8
麦芽（克）	8～15	8～15	10～15
酵母（克）	3～8	3～8	5～8
维生素 E（毫克）	1	1	1～2
维生素 A（单位）	—	—	1 000
维生素 D（单位）	—	—	500
大葱（克）	—	—	1～2
动物脑（克）	—	—	5～10
鸡蛋（个）	—	—	0.5（公）

（二）准备配种期的管理

1. 防寒保温，安全越冬　从 9 月中旬开始需在小室内增加垫草保温，以减少种貂抵御寒冷的热量消耗，减少疾病发生，以利于安全越冬；垫草还有利于增加仔貂的成活率。此外，垫草具有刺激皮肤血液循环，加快换毛，刺激毛囊分泌油脂，使毛被光亮柔顺的作用。

2. 提供适宜光照　由于水貂生殖系统发育成熟和交配是对短日照的生理反应，所以，秋分至冬至期间种貂可减少日照时数和降低光照强度，不可人为延长光照时间，如日落后使用照明灯等；冬至以后当日照达到 11 小时 30 分时即开始配种，12 小时以后配种陆续结束。所以，为提高种公貂的性欲和延长发情期，可在配种前 1 个月采取控光措施适当减少日照时数。

准备配种期采取适当的控光措施，对水貂生殖系统发育成熟和发情交配有一定的积极作用。但不当光照会抑制性腺活动，妨碍生殖系统的发育和成熟，造成发情紊乱、交配率低，大批失配。因此，采取人工光照措施前，一定要充分了解和掌握水貂

繁殖与自然光周期的关系以及人工控光的详细方法，切不要盲目进行。

3. 异性刺激促进发情 配种前1～2周应加强对种公貂的异性刺激，增强性欲，提高公貂的利用率。简便的方法是将公、母貂互换笼舍穿插排列，每隔4～5只母貂放1只公貂，或将母貂装入串笼内放在公貂笼内或笼顶。但异性刺激不宜过早开始，以免降低公貂食欲和体质。另外，也可隔三差五地向日粮中加入少许葱、蒜类有辛辣气味的饲料，也有异性刺激的作用；但有辛辣气味的饲料不能当菜来喂，否则会引起中毒。

4. 调整种貂体况

（1）体况调整的时间 体况与繁殖力有密切关系，配种期只有适宜的体况，才能发挥较高的繁殖力。但水貂的体况需要在准备配种期内来调整，到配种期时才能达到适宜的体况。

种貂体况调整，应分2个阶段进行。秋分（9月下旬）至冬至（12月下旬）之间，种貂体况应中等偏上；12月下旬至2月下旬种母貂要中等略偏下，公貂中等略偏上。

（2）体况鉴定方法

①称重法 在1～2月份应每半月从种貂群中随机抽取10～20只种貂称重1次，取其平均体重。中等体况母貂：银蓝水貂1201～1678克，平均1439克；短毛黑水貂1219～1651克，平均1471克。中等体况公貂，银蓝水貂2477～2776克，平均2626克；短毛黑水貂2282～2770克，平均2526克。如果抽查结果低于上述标准，则为过瘦；如果抽查结果高于上述标准，则为过胖。

②目测法 水貂体况鉴别可直接目测观察，每周鉴定1次。主要观察水貂的食欲、活动及站立时的体躯状态。采食迅猛，运动灵活自然，后腹部明显凹陷，脊背隆起，肋骨明显者为过瘦；食欲不旺，行动笨拙，反应迟钝，后腹部突圆、下垂者为过肥；食欲正常，运动灵活自然，后腹部较平坦或略显有沟者为适中。

③体重指数测算法　体重指数是指水貂的体重（克）与体长（厘米）之比。据研究结果表明，母貂的体重指数与繁殖力密切相关，体重指数适宜时，繁殖力最高。笔者的研究结果表明，体重指数短毛黑水貂为31～34、银蓝水貂为30.5～35时，繁殖效果最好。

（3）调整体况的方法　主要是通过食物和食量及运动量来调节。

减肥方法主要是通过减少日粮中脂肪给量和食量及增加运动量来调节。如果全群过肥，一方面要降低日粮热量标准，去掉脂肪含量高的动物性饲料，但不可以降低日粮中动物性饲料的比重，同时要减少饲料总量，每周可断食1～2次；另一方面要经常引逗水貂运动，消耗体内脂肪。如果只是少数个体过肥，主要应减少饲料量，同时进行人工引逗增加运动量。

增肥方法主要是通过增加日粮中脂肪给量和食量及减少运动量来调节。如果全群过瘦，主要应提高日粮热量标准，适当增加动物性饲料的脂肪比例，增加饲料给量。如系少数个体过瘦，除增加饲料量外，还可单独进行补饲。同时，对小室添足垫草，加强保温，减少能量消耗。

5. 做好配种期的各项准备工作

（1）制定选配方案，根据选配原则，做出选配方案和近亲系谱备查表，制定出配种方案。

（2）准备好配种登记表和配种标签。

（3）准备好各种用具，如捉貂手套、扑貂网、扑貂箱、串笼箱、显微镜等。

6. 其他工作　要经常清除笼舍的粪便和剩食，垫草要勤晒勤换，经常清理小室，做好卫生消毒工作。此外，应加强饮水，水貂每天需水30～90毫升，每日应给水2～3次。

三、配种期的饲养管理

（一）配种期的饲养

1. 日粮配合　配种期水貂性欲冲动和性活动加强，营养消耗较大，食欲自然下降，尤其公貂更为突出，容易造成急剧消瘦而影响交配能力。因此，日粮配合必须具备营养全价、适口性强、容积较小、易于消化的特点。日粮总量不应超过250克/天·只。其中日粮总热量为837～1047千焦/只·天，粗蛋白质给量为30克/天·只，日粮中动物性饲料应占75%～80%，主要应由鱼、肉、肝、蛋、脑和奶等组成。配种期水貂日粮配方见表2–3。另外，对配种能力强和体质瘦弱的公貂，每天中午应单独补饲优质饲料80～100克，以保持其配种能力。种公貂的补饲饲料配方见表2–4。

表2–3　配种期水貂日粮配方

总热量千焦/只·天	粗蛋白质克/只·天	动物性饲料（%）	谷物（%）	蔬菜（%）	添加饲料					
					鱼肝油（克）	酵母（克）	维生素E（毫克）	维生素B_1（毫克）	大葱（克）	食盐（克）
837～1047	30	70～80	20～22	1～2	1	5～7	2.5	2.5	2	0.5

表2–4　种公貂的补饲饲料配方

饲　料	鱼或肉	鸡蛋	肝脏	牛奶	兔肉	谷物	蔬菜	酵母	麦芽	维生素A（单位）	维生素E（毫克）	维生素B_1（毫克）
补饲量（克）	20～25	15～20	8～10	20～30	10～15	10～12	10～12	1～2	6～8	500	2.5	1.0

2. 保持种母貂的繁殖体况　种母貂在配种期间体力消耗不如公貂那么大，交配受孕后，在3月份由于胚泡处于滞育期，受

精卵并不附植和发育，营养消耗也不增加。因此，配种期仍应保持配种前的体况，防止发生过肥或过瘦现象，尤其是不能使母貂的体况过肥，否则在妊娠期内不利于为其增加营养。如果配种期种母貂体况偏肥，则妊娠期必然形成过肥体况，这对繁殖力是很不利的。

3. 饮水 配种期必须保证水貂有充足而洁净的饮水，特别对配种结束后的公貂更为需要。

（二）配种期的管理

1. 合理利用公貂资源 选留的种公、母貂的比例为 1∶4，公貂数量略显不足，一旦有公貂由于各种原因不能参加配种，就会增加其他公貂的利用率，甚至造成母貂得不到交配，导致空怀，而影响生产。因此，合理利用公貂就显得格外重要。

当年的青年公貂初次交配，由于缺乏经验，又较胆怯，也不善于捕捉叼衔母貂，故应选择发情良好，性情温驯的母貂作其配偶。放对时操作人员可以协助公貂衔住母貂颈部，同时消除惊扰和抑制性活动的因素。如果公、母貂双方能和睦相处，即使暂时未达成交配，也不要立即捉走或频频更换母貂。配种初期争取让每只公貂尽快开始第一次交配，称之为开张。

成年公貂开张较早，配种力强，在初配阶段应适当控制使用，以便到配种旺期发挥主力作用。如果配种初期使用过度，势必影响旺期复配而降低母貂产仔率。瘦公貂在配种前期交配力强，也应计划控制使用，配偶不宜安排太多。否则，配种后期无力完成复配任务。胖公貂一般开张较晚，但在配种前期不可轻易放弃培养，如果对其使用过当，可获收尾突击难关之功效。

对已开张的公貂，交配力强、体质健康的，可以适当提高其配比和交配次数；交配力低的，可以降低其配比和交配次数，但交配密度均不宜过大，并有计划地将母貂最后一次配种结束之日集中安排在配种旺期。初配阶段，每只公貂每天只交配 1 次。复配阶段，每只公貂每天可交配 2 次，间隔要达 4 小时以上。

2. 准确进行母貂发情鉴定 采取观察行为活动表现、外生殖器官目测检查、阴道细胞图像观察和放对试情相结合的方法，准确进行母貂发情鉴定。以目测外生殖器官变化为主，以放对试情为准，准确把握种母貂的交配时机，才能使母貂得到及时交配，既降低了空怀率，又可减少由于不发情放对公、母貂撕咬争斗所导致的伤亡。因此，放对前对母貂进行发情鉴定，是水貂繁殖生产中的关键环节之一。

3. 确保交配质量 配种时，认真观察公、母貂的交配行为，确认母貂真受配、假受配或误配，对提高母貂的受胎率极为重要。

放对交配时，可观察到公貂咬住母貂后颈部，前腿紧紧抱住母貂后躯腰部，能够控制住母貂后，公貂后腿及后腰部有抖动、摩擦现象，一段时间后，如见到公貂腰部拱起，身体弯曲几乎呈 90° 直角，后腿紧紧用力，与母貂连接牢固，有时候会伴有母貂的一声叫声，可判断为交配成功。射精时，可见到公貂双眼迷离，后腿有往前送的动作。随后，公母貂连在一起，整个交配过程，少则 20～30 分钟，多则 1 个多小时。如见公貂紧紧抱住母貂，有射精动作，但是腰部拱起未呈 90° 角而呈锐角，此时公、母貂身体未发生连接，这种情况视为假配。

对确认假受配或误配的母貂，应尽快更换公貂进行有效补配。正常饲养条件下，母貂受配率应不低于 95%。

4. 淘汰不育公貂 配种开始后必须对公貂进行精液品质检查，严格淘汰精液品质不良的不育公貂。监测公貂群精液品质的变化，遇有精液品质普遍下降，应及时查明原因，加强饲养管理。

5. 对难配母貂的特殊措施 在配种旺期，一些母貂发情较好，但由于各种原因无法达成交配，即难配母貂。这些母貂在配种旺期由于忙于放对，无暇顾及。为避免空怀，应在闲暇时或补配阶段，针对不同原因，采取相应办法使之达成交配。

（1）被咬伤拒配的母貂 多数因发情鉴定不准，急于求成，盲目放对，又遇到性情暴烈的公貂所致。对此必须暂停放对，待

伤势恢复再发情时，找交配力强而性情温驯的公貂交配。如到配种后期确系发情又不能拖延时，可用普鲁卡因对咬伤部局部封闭，再行放对。

（2）性情凶猛拒配的母貂 发情而刁泼拒配的母貂，多数是因为以前频频放对，与公貂多次搏斗而锻炼出来的。因此，根本的办法是掌握好放对时机，切忌盲目乱放，作为临时措施，可找体大力强，善于驾驭的公貂交配。

（3）发情晚的母貂 对于到了发情期还不发情的母貂，可肌内注射孕马血清促性腺激素（PMSG）100 单位或肌内注射绒毛膜促性腺激素（HCG）50～100 单位，并将其养在公貂邻舍，几天后即可放对配种。

（4）隐蔽发情的母貂 对外观上没有发情行为表现的母貂，可用阴道分泌物镜检和放对试情的方法做发情鉴定。如分泌物中含有大量多角形带核的鳞状上皮角化细胞，放对后表现温驯，虽然外阴无变化，亦属发情，可以放对。

（5）阴门狭窄的母貂 个别母貂内生殖器官发育正常，亦发情接受交配，只因阴门狭窄，公貂配不上。对此种母貂可以外科手术刀将阴门放大一些，即可放对配种。

（6）不会抬尾的母貂 有的母貂发情良好，接受交配，只是不会抬尾，妨碍交配成功。对此可用细绳系于尾端，将尾提向侧方，放对交配。

6. 严防跑貂和错捉错放 配种期极易跑貂，故应加强笼舍修检和加固工作。场内应多设自动捕捉箱，以便及时捕捉跑出的种貂。在发情检查和放对的过程中亦应防止跑貂、错捉和错放。放对时种貂的号牌应同时携带。

7. 做好配种结束后的收尾工作 配种结束后应及时对种公貂进行筛选，及时屠宰取皮，以降低饲养成本。对准备翌年继续留种的优良种公貂，则应加强饲养管理，促进其体况的恢复。日粮标准仍按配种期的标准，待体况恢复后在转为恢复期的饲养。

四、妊娠期的饲养管理

妊娠期是指交配后至产仔前、胚胎生长发育的整个时期，是全年饲养管理的最重要阶段。一旦饲养管理失误，所造成的损失是胚胎的群体损失。因此，是决定种貂繁殖成绩的最关键的生产时期。

妊娠期饲养管理的主要任务是，满足母貂和胎儿营养需要，调整好母貂体况，以期生产健壮仔貂并为母貂产后泌乳创造良好的基础条件。

（一）妊娠期的饲养

母貂妊娠期，尤其是胎儿发育期营养需要增高，除满足自身正常生命活动的生理需要，又要保证胚胎在体内生长发育的营养需要，同时母貂在妊娠后期还要为产后泌乳积存一部分营养物质；此外，妊娠期恰逢水貂脱冬毛、长夏毛，身体需要大量的能量和含硫氨基酸。因此，母貂在妊娠期需要大量的营养物质，饲料的供给应分阶段调整。

1. 日粮 妊娠前期即4月上旬前，妊娠母貂营养需要不必增加，仍采用配种期的日粮标准；4月中旬以后采用妊娠期的营养标准（表2–5，表2–6，表2–7）。

表2–5 水貂妊娠、泌乳期营养标准

总热量（千焦）	蛋白质（克）	脂肪（克）	碳水化合物（克）
752～1 086	27～35	6～8	9～13

表2–6 水貂妊娠期日粮配比 （%）

配 比	鱼 类	肉 类	膨化料	蔬 菜	水	合 计
重量比	62.5	3	3.8	7	23.7	100
热量比	75	5	18	2	—	100

表 2-7　水貂妊娠期日粮配方

原料名称	热量比（%）	重量比（%）	喂量（克 / 只・天）
海杂鱼类	75	64.11	234.33
膨化料	23	4.34	15.85
蔬　菜	2	7.20	26.32
水	—	24.34	88.96
鸡蛋（克）	—	—	8
奶粉（克）	—	—	4
酵母（克）	—	—	4
食盐（克）	—	—	0.5
羽毛粉（克）	—	—	1
氯化钴（克）	—	—	0.001
添加剂（克）	—	—	0.4
鱼肝油（单位）	—	—	1 500
维生素 B_1（毫克）	—	—	10
维生素 C（毫克）	—	—	25
维生素 E 油（毫克）	—	—	10

2. 饲料质量及加工要求

（1）品质新鲜　妊娠母貂对饲料品质的新鲜程度要求很严，品质失鲜的饲料容易引起母貂胃肠炎并毒害胎儿，继而造成妊娠中断或流产。

①动物性饲料　必须有可靠的来源，且经兽医卫生检疫确认为无疾病隐患和无污染。下列饲料不能用来饲喂妊娠母貂：含有激素类的动物产品，如通过激素化学去势或育肥的畜禽，带有甲状腺的气管、性器官、胎盘等；脂肪已出现氧化变质的饲料；含有毒素的鱼；冷藏时间超过 3 个月的动物性饲料；失鲜的蛋类、酸败的乳类。

②谷物饲料　不能用来饲喂妊娠母貂的谷物饲料包括：谷物潮结、发霉被真菌污染；谷物熟制不透；蔬菜类腐烂、堆积发热；被农药等有害物质污染的蔬菜；怀疑谷物饲料轻度发霉时，应添喂“毒去完”等抑真菌添加剂予以预防。

③添加剂饲料　维生素类、矿物质等添加剂饲料要质量可靠，含量充足，陈旧过期、变质亦不能用来饲喂妊娠母貂。

（2）种类稳定　应制定和落实水貂妊娠期所用饲料的采购计划，各种饲料的数量和质量要保持稳定。否则，饲料种类和质量的突然变化，会影响妊娠母貂的食欲和采食，对妊娠造成不良影响。

（3）营养价值完全

①保证全价蛋白质饲料供给　恒温动物的瘦肉、鲜血、心、肝、乳、蛋类均为全价蛋白质饲料，应占日粮动物性饲料的20%～30%。

②保证必需脂肪酸供给　必需脂肪酸只在植物油中含有。妊娠母貂日粮应少量添加植物油，以补充必需脂肪酸补给（2～5克/只·天）。

③保证维生素、矿物质饲料供给　应按妊娠期营养需要保质、保量补给，注意贮存、加工过程中勿受破坏。非貂专用添加剂，如畜、禽用添加剂，不宜在繁殖期使用。

（4）适口性强　通过对饲料品种的筛选，保证品质新鲜，通过对饲料的精细加工来增强日粮的适口性。如发现母貂食欲不佳，应马上查明原因，及时调整。

（二）妊娠期的管理

1. 适当控制体况　母貂妊娠期体况控制仍不能忽视，如不注意控制体况，很容易将母貂养肥，影响妊娠和分娩。妊娠母貂的体况应分阶段控制。妊娠前期（4月上旬前）仍应保持配种期的中等或中等略偏下的体况；妊娠后期至产仔前要达到中等或中等偏上的体况，这样才有利于发挥其高繁殖力。切忌在临产前把

妊娠母貂养成上等过肥体况，否则胎儿发育大小不均，难产增多，母貂产后无乳或缺乳，严重影响产仔和仔貂成活。

2. 保持环境安静 妊娠母貂胆小易惊，妊娠期要谢绝参观，饲养员要定群管理，减少噪声干扰，保持环境安静。

3. 产前产窝消毒和添加垫草保温 按预产期提前1～2周对产窝进行消毒（3%热碱水洗刷或火焰喷烧），并加垫清洁、干燥、柔软的保温垫草，同时打开窝室的入口，让临产母貂熟悉和习惯窝室环境。

4. 及时观察貂群的健康状况 母貂在妊娠期食欲旺盛，若出现拒食或有剩食现象，必须立即查找原因并及时采取措施，拒食持续2～3天就会发生部分胎儿被吸收或引起流产。因此，要求每次喂食前后都要仔细观察每只貂的食欲情况，并做好记录。

水貂粪便的形状、颜色是反映其健康与否的指标之一。正常粪便呈条状、褐色（以鱼为主食的粪便色淡）。若粪便不正常，如持续腹泻也会发生流产现象。所以，应每天观察1次粪便，除做好记录外，发现异常要及时投药治疗。

母貂妊娠后其活动量明显减少，尤其是临产前由于其腹围增大、腹部下垂，常卧于小室或运动场。每天应观察母貂的腹围增大情况或有无异常现象及表现，如出现流产先兆或见笼底有血，应迅速采取保胎措施。

妊娠期正处于4月份，是各种疫病开始流行时期，所以要认真搞好卫生防疫工作。建立严密的饲料保管、饲料加工和貂场的卫生防疫制度。各种食用具和运动场要定期消毒，保持清洁。

5. 喂食和饮水应符合要求 喂食，要定时、定量。妊娠前期可日喂2次，妊娠后期为使日粮全部被食入，可分3次投喂，即早食喂30%、午食喂20%、晚食喂50%。饮水盒内要保持有充足清洁的饮水，应经常检查水盒并补充饮水。

6. 禁止乱喂药 在产前和产后1周，禁止用磺胺类药物，如磺胺嘧啶钠、磺胺甲氧噻唑钠、羧苯甲酰磺胺噻唑等，虽然水貂的泌乳量很大，按单位体重比较比奶山羊和奶牛都大，但任何抑菌药物都会损害泌乳系统，使泌乳功能降低。产后2周仔貂生长得快、母乳量下降时，可以在饲料中添加益生素类或速补类的促进剂促使有益菌生长繁殖，提高泌乳量。

7. 做好产前准备工作　刚产出的仔貂个体小，很容易从笼底的网眼中漏到地上而造成损失。因此，在母貂产仔前，应在笼网底上加垫一层密眼的垫网。不要等到母貂产仔后再加垫，那样会对母貂造成惊恐和干扰。

五、产仔哺乳期的饲养管理

对于一个貂场而言，从第一只母貂产仔开始到全群产仔结束称为产仔期，一般为4月下旬至五月中旬。产仔同哺乳紧密相连。通常哺乳期要比产仔期延后40～50天。因此，产仔哺乳期饲养管理的中心任务是给母、仔貂创造正常生活所必需的环境条件，即正常的母性、充盈的乳汁、适宜的窝温、健康的身体和安静的环境，尽最大努力进行产仔保活。

（一）产仔哺乳期的饲养

1. 产仔母貂的日粮配合　产仔哺乳期，实际上是一部分妊娠，一部分产仔，一部分泌乳，一部分恢复（空怀貂），仔貂由单一哺乳分批过渡到兼食饲料，成年貂全群继续换毛的复杂生物学时期，该时期是母貂营养消耗最大和体况逐渐消瘦阶段。日粮必须具备营养丰富而全价，饲料新鲜而稳定，适口性强而易于消化的特点。

母貂产仔后不再控制其日粮量，保证产仔母貂吃饱吃好。日粮标准可持续妊娠期水平，或略高于妊娠期水平。日粮的热量可按900～1 300千焦/天·只供给，日粮中的鱼、肉、肝、蛋、乳等动物性饲料要达到75%以上。母貂产仔哺乳期日粮配方见表2–8。日粮中应适当增加脂肪和催乳饲料（精肉、乳、蛋、肝、血等）有助于母貂泌乳。添加饲料（维生素、矿物质等）应考虑到仔貂的需要，按妊娠期加倍量供给。此时期饲料加工要细，饲料调制要稀，绝对保证饲料新鲜。

表 2–8 母貂产仔哺乳期的日粮配方

饲料品种	重量比（%）	喂量（克/只·天）
海杂鱼	35	105
肝	3	9
肉　类	15	45
牛　奶	10	30
动物内脏	7	21
血　液	5	15
蜜　糖	2	6
植物脂肪	0.5	1.5
玉　米	11	33
水	10.5	31.5
果蔬类	1	3
食　盐	—	0.7
骨　粉	—	1
氯化钴	—	0.5 毫克
维生素 A	—	2 000～2 500 国际单位
维生素 D	—	200～250 国际单位
维生素 E	—	4～5 毫克
维生素 B_1	—	3 毫克
维生素 B_2	—	1.5 毫克
维生素 C	—	30 毫克
合　计	100	300

2. 饲喂制度 常规饲养一般日喂 2 次，最好 3 次。此外，对一部分仔貂还应给予补饲。此时，饲料颗粒要小，稠度要低，

但必须使母貂能衔住喂养仔貂。饲喂时，要按产期早晚，仔貂多寡，合理分配饲料，切忌一律平均。

3. 仔貂补喂 对出生后数小时内因某种原因没吃上奶的仔貂，可用牛、羊乳或乳粉经巴氏杀菌法消毒后，加少许鱼肝油临时滴喂，然后尽快送给母貂抚养。由于家畜常乳缺少水貂初乳所富含的球蛋白、清蛋白和含量高的维生素 A 和维生素 C、镁盐、卵磷脂、酶、母源抗体、溶菌素等复杂成分，故单纯靠牛、羊乳哺喂幼龄仔貂是不易成活的。

对同窝数量多、20 日龄以上的仔貂，在母乳不足的情况下，可用鱼、肉、肝脏、鸡蛋羹，加少许鱼肝油、酵母进行补喂，每日 1 次。但不要全群普遍都喂，也不可 1 日多次饲喂，以防止仔貂吃饱饲料不再吮乳，造成母貂假性乳房炎（胀奶）拒绝护理仔貂。幼貂补饲饲料配方见表 2–9。

表 2–9 幼貂补饲饲料（每只每天）

补饲种类	乳 粉	鸡 蛋	乳酶片	维生素 E	维生素 A
补饲量	10 克	14 克	0.2 片	3 毫克	250 国际单位

（二）产仔哺乳期的管理

1. 注意观察母貂产仔情况 母貂突然拒食 1～2 次，是分娩的重要先兆。如果拒食多次，腹部很大，又经常出入小室，行动不安，精神不振，蜷缩在小室中；在笼网上摩擦外阴部或舔外阴部；出现排便动作，且外阴部有血样物流出，这些现象表明母貂可能难产。发现母貂难产时，应采取相应助产措施，并做好记录。当发现仔貂夹在母貂阴门处久娩不出时，可将母貂抓住，依照母貂分娩动作，顺势用力把仔貂拉出。如果母貂产力不足时，可注射缩宫素 0.3～0.4 毫克进行观察，待 2～3 小时后仍产不出仔貂时，要进行剖宫产手术。取出的仔貂经人工处理后代养，对术后母貂一定要加强护理。

2. 保持产窝卫生　哺乳初期仔貂粪便由母貂舔食，但从20日龄左右开始采食饲料以后，母貂不再食其粪便，而此时仔貂排便尚未定点，母貂还经常向小室内叼入饲料喂仔，产窝内会变得潮湿污秽，加之天气日渐炎热，各种微生物易于滋生。所以，必须搞好产窝内的卫生，勤换垫草。要及时清除粪便、湿草、剩饲料等污物。同时，还要搞好饲料品质的卫生检查和食具的消毒工作，以免发生各种疾病。

3. 哺乳后期注意母仔关系的行为变化　产仔哺乳的前、中期母仔关系非常和谐和融洽。而哺乳后期，由于母乳分泌减少，母仔关系变得疏远和紧张。应随时观察这些行为变化，一旦出现母仔貂间或仔貂之间发生敌对的咬斗行为，要采取适时分窝的措施，防止咬死、咬伤事故发生。

4. 及时分窝　分窝是指让仔貂离开母貂独立生活。适时分窝是指仔貂分窝后能独立生活，且生长发育不出现停顿或负增长现象。适宜的分窝时间在35～60日龄；生长发育正常者一般在40～45日龄。母、仔关系已变紧张，同窝仔貂多且发生严重咬斗行为的，可提早一些在35日龄分窝；仔貂发育滞后，但母貂母性尚好的情况下，可稍晚些并在仔貂60日龄前分窝。分窝前应做好仔貂分窝的笼舍、用品等准备工作。

5. 母源关系记录　仔貂分窝后要做好仔貂位置和其母源关系的记录，以防系谱混乱。

6. 仔貂分窝时的初选　仔貂分窝时要进行第一次母、仔貂选种，称初选或窝选。

六、幼貂育成期的饲养管理

幼貂育成期是指仔貂分窝以后至体成熟（12月下旬）的一段时间。其中分窝至秋分（9月下旬）是幼貂体格迅速增长期，故又称幼貂生长期或育成前期；秋分至冬至是幼貂冬毛生长成熟的阶段，故对皮貂而言又称冬毛生长期或育成后期。育成前期饲

养管理的好坏，直接影响到以后体型的大小；育成后期饲养管理的好坏，直接影响到以后皮貂冬毛的质量。所以，幼貂育成期是决定种貂品质和毛皮产品质量的一个非常关键的饲养管理时期，必须依据育成期幼貂的生长发育规律进行合理的饲养管理。

作为种貂的幼貂则在育成后期实际上是进入了准备配种期，该部分种幼貂按准备配种期的饲养管理技术操作即可。

（一）幼貂育成期生长发育的主要特点

幼貂从出生到冬毛成熟时的体重和体长增长曲线见图 2-3，

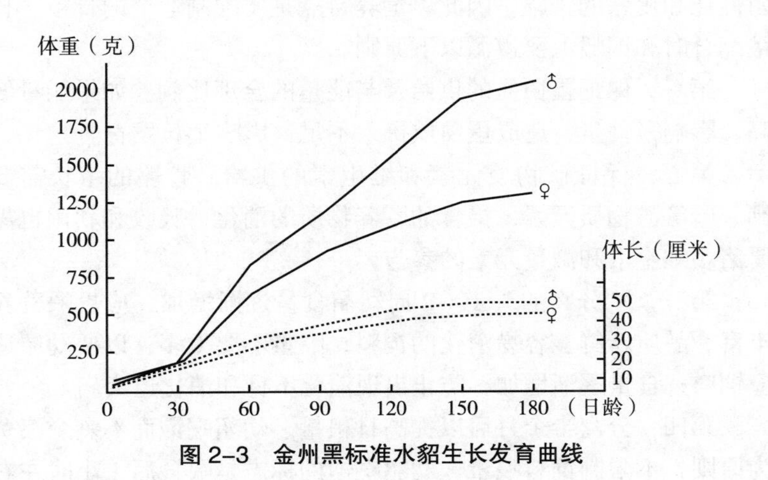

图 2-3　金州黑标准水貂生长发育曲线

表 2-10　幼貂育成前期内各月份体重增长　（克）

色　型	日　龄							
	60		70		80		90	
	公	母	公	母	公	母	公	母
黑褐色貂	731	562	923	653	1 106	717	1 228	780
白色貂	551	485	753	593	902	657	965	710
蓝色貂	660	518	882	644	1 031	687	1 116	719
黄色貂	715	550	933	648	1 049	692	1 207	745

幼貂在育成前期内各月份体重增长见表2-10。断乳后至120日龄期间，体重、体长增长均最快，其中断乳后40～80日龄生长发育最快，特别是骨骼、内脏器官；而断乳120天后即育成后期，主要是肌肉、脂肪生长，以及脱夏毛、长冬毛。

（二）育成前期的饲养管理

1. 育成前期的饲养

（1）育成前期的饲养特点 育成前期是体格增长最快（“撑大个”）的时期，饲养的好坏直接影响以后水貂体格的大小、繁殖性能和皮张的张幅。因此，饲养特点是要配制适合的日粮。日粮配合时和饲喂上要遵循以下原则。

第一，保证蛋白质的供给及与能量的合理比例。如果能量偏高，影响采食量，造成蛋白质摄入不足，影响生长发育。

第二，保证矿物质元素和维生素的供给。骨骼的生长需要钙、磷等矿物质元素，摄食的营养物质的消化、吸收和利用也需要诸多维生素和微量元素的参与。

第三，刚分窝的头1～2周幼貂食量逐渐增加，应投喂营养丰富、品质新鲜、容易消化的饲料，喂量不要太多，以便幼貂适应饲料；食量逐渐增加，防止出现消化不良和消化道疾病。

第四，分窝半个月后以提高日粮量、幼貂吃饱而不剩余浪费为原则，不限制饲料喂量。幼貂吃饱的标志是喂食后1小时左右饲料才能吃光，且消化和粪便情况无异常。饲喂应尽量在早、晚天气较凉爽时进行。

（2）日粮配合 幼貂育成前期营养标准见表2-11。日粮的配合比例（占日粮的重量比）为动物性饲料65%～75%，谷物10%～20%，蔬菜10%～15%，豆汁或水15%～20%。日喂量一般按300～400克/天·只，公貂较母貂约多30%。

日粮配合时一方面要注意蛋白质的含量和质量，用多种动物性饲料混合搭配，保证蛋白质的全价性，断乳初期10～23克/天；2～3个月龄时：25～32克/天；另一方面要含充足的矿物质和

必要的维生素，日粮中适当搭配兔头、兔骨架、鲜碎骨等（占动物性饲料的15%～20%），也可以补加骨粉1克/天·只，或适量的骨灰等，注意维生素A、维生素D和维生素B_1的补给。幼貂育成前期日粮配方见表2–12。

表2–11 幼貂育成前期营养标准

性 别	代谢能（千焦/只·天）	可消化营养物质（克/只·天）		
		蛋白质	脂 肪	碳水化合物
公	1 500	20～35	8～12	15～18
母	900	15～20	8～10	13～15

表2–12 幼貂育成前期日粮配比标准 （%）

配 比	鱼 类	鸡 肠	谷 物	蔬 菜	水	合 计
热量比	36	24	37	3	—	100
重量比	34.45	13.61	7.8	22.09	22.05	100
添加饲料						
酵母（克）	羽毛粉（克）	食盐（克）	维生素A（国际单位）	维生素E（毫克）	维生素B_1（毫克）	维生素C（毫克）
3	1	0.5	1 500	10	10	12.5

2. 育成前期的管理

（1）训练幼貂养成在笼网前部排泄粪尿的习惯 幼貂分窝后从单笼饲养开始，应将粪便撮起一点，抹在其笼网的前部或前角处，这样分入该窝的幼貂就会把这个地方当成“厕所”，养成在此处排泄粪尿的习惯。如个别幼貂仍在小室内排泄粪尿，可将小室内的粪尿多撮起一些放在笼网的前部，并关闭小室门2～3天，待其养成在室外排泄粪便的习惯后，再把小室门打开。

（2）适时窝选（初选） 结合断乳分窝，对母貂和幼貂进行全年第一次选种工作。后备种貂应集中在一起，编入复选群。被

淘汰的幼貂应及时埋植褪黑激素（母貂在6月份，幼貂在7月上旬），冬毛可在9月上旬至10月中旬提前成熟。

（3）适时接种疫苗 幼貂分窝后的5～10天内，必须及时进行犬瘟热和病毒性肠炎疫苗接种，严防这两种传染病发生。不要有意或无意漏注某种疫苗，更不要过早或过晚注射疫苗。接种的时间过早，因仔貂在哺乳期间从乳汁中获得了母源抗体，能中和疫苗而降低疫苗的免疫作用；接种的时间过晚，因母源抗体消失，会产生免疫的空档，容易感染疾病而发生疫情。

（4）加强卫生管理，预防疾病发生 幼貂育成期正值天气炎热的时期，也是各种疾病的多发期。因此，必须做好卫生防疫工作。搞好饲料室、饲料加工和饲养用具的卫生尤为重要，把住病从口入关。尽力避免水貂采食变质饲料，必须在采购、运输、贮存、加工等各环节上严把饲料品质关，消灭蚊蝇。要搞好貂棚、貂笼小室以及食具的清扫、洗刷和消毒。垫草要保持清洁干燥，除断乳晚和瘦弱的幼貂需延长放褥草的时间外，应在6月份全部撤除垫草。水盒应随时洗刷干净，保证清洁饮水。遇有阴天或天气突变时，要注意观察貂群的行为动态，及时发现病貂并加以治疗。

（5）严防幼貂中暑 夏季炎热，尤其是闷热无风天气时，要严防幼貂中暑发生。幼貂中暑后死亡率极高，高温还会抑制食欲，减少采食量，影响生长。应采取预防措施。一是向笼舍地面洒水降温，中午和午后经常驱赶熟睡的幼貂运动防暑降温，减少高温对幼貂生长发育的抑制。二是午间要安排值班人员，驱赶熟睡的幼貂运动；午间和午后最热的时间，要向地面上洒水；保证水盒中不缺水。三是早、晚喂食的时间尽量拉长一些，赶在凉爽的清晨和傍晚饲喂。早食喂完1小时后，要及时将剩食清理出来，以防饲料变质。四是棚舍两侧可张挂遮阳网，防止阳光直射笼舍。

（6）抓住良机，做好观毛复选准备 种貂复选是对初选的种貂在9月下旬后在被毛脱换最明显时期进行。幼貂秋季换毛情况是种貂复选重要根据，所以进入8月份以后就要对幼貂脱毛早晚

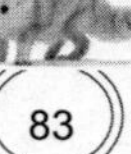

和快慢进行观察和记录，为复选时提供依据。

（三）冬毛生长期（育成后期）幼貂的饲养管理

1. 冬毛生长期的饲养 冬毛生长期幼貂主要是肌肉、脂肪生长，换冬毛，各部器官系统尤其是生殖系统完全成熟的最后阶段，是决定毛皮质量关键时期。饲养原则是要提高日粮营养水平，供给足够的蛋白质和脂肪，以利于冬毛生长，并使毛皮增加色素和光泽。喂料量应以貂吃饱为原则，早饲要早占30%，午饲要快占20%，晚饲应推迟占50%。幼貂冬毛生长期的日粮配方见表2–13。

表2–13 幼貂冬毛生长期的日粮配方

种 类	重量比	添加剂			
鱼肉类（%）	45～55	酵母（克）	2	骨粉（克）	1
谷 物（%）	15～20	食盐（克）	0.4	维生素A（国际单位）	300～400
蔬 菜（%）	12～15	维生素D（毫克）	30～40	维生素B_1（毫克）	0.5
水（%）	15～20	维生素B_2（毫克）	0.5		
总量（克）	350～400				

注：1. 鱼肉类中鱼类占75%，肉占25%，或鱼肉各半，鱼肉副产品不得超过鱼肉量的30%。

2. 谷物窝头可由玉米面和豆面组成，比例为7∶3。

2. 冬毛生长期的管理

（1）防寒保温 入秋后气候逐渐转冷，应注意做好冬季防寒工作。在入冬前，要修整好棚舍门窗，应特别注意垫草的管理。垫草不仅可以防寒、防潮、减少疾病的发生，而且更重要的是垫草能经常梳理被毛，对防止毛绒缠结，提高毛皮质量具有重要的作用。

（2）做好观毛复选 9月下旬至10月上旬正是其被毛脱换

的最明显时期，也正是复选种貂的最佳时期。故应抓住这个良机，对初选后的种貂观毛复选，选择换毛早和快及发育好的幼貂，即对光照周期变化敏感性强的个体留作种貂。

复选以后的种貂应进行阿留申病的检疫，然后转入种貂准备配种期的饲养管理，而被淘汰的幼貂则转入冬毛生长期的饲养管理。

（3）监测幼貂生长发育及冬毛成熟情况　幼貂育成前期要定期检测幼貂体重的增长情况，了解幼貂生长发育情况；幼貂育成后期则要定期观察冬毛生长成熟情况。如发现幼貂生长发育滞后或皮貂冬毛生长成熟缓慢，则应及时查找原因，并迅速加以纠正。正常饲养管理条件下，幼貂体重增长的标准见表 2–14。

表 2–14　幼貂平均体重指标　（克）

时间（日 / 月）	1/7	1/8	1/9	1/10
公　貂	750	1 130	1 450	1 605
母　貂	570	730	890	940

秋分以后要将皮貂养在棚舍光照度较低的地方（如北侧、树荫下），这有利于皮貂育肥和提高毛皮质量。皮貂在保证冬毛正常生长发育的同时，宜育肥饲养，以期生产张幅大的毛皮。育肥饲养的日粮要求是蛋白质水平适宜，但能量水平较高。

要及时清理水貂笼网上积存的粪便，以免沾污水貂毛绒，遇有被毛脏污、缠结时，要及时进行活体梳毛。

11 月下旬以后水貂毛皮已逐渐成熟，应在取皮前做好各项取皮准备工作。

七、种貂恢复期的饲养管理

种貂恢复期是指公貂结束交配、母貂结束哺乳后至准备配种期开始前的一段恢复时期。水貂恢复期的饲养管理往往被饲养者所忽视，但若饲养管理不佳，将直接影响到第二年的生产。因此，成年貂恢复期饲养管理的任务是，对留种的种貂要尽快促使它们在繁殖过程中消耗的体质得到恢复，为下一年再生产保证其种用价值打下良好的基础。

（一）种貂恢复期的饲养

公貂配种结束后，体力消耗很大，肥度下降，应在此阶段给以补充营养，使其尽快恢复体质尤为重要。不可因忙于母貂妊娠期和产仔期的工作而忽视对公貂的饲养管理。若此时公貂营养不足，体质恢复较慢，则易引起疾病而造成其死亡或换毛开始得晚和速度慢及第二年公貂发情迟缓、发情不集中、性欲减退以及配种次数少，致使母貂空怀率高和胎产仔数少等。

母貂从配种结束到貂断乳分窝，一般要经历近 3 个月时间。母貂体力和营养消耗很大，体况下降，体质消瘦，抗病力降低，易发生各种疾病。为使其尽快恢复体况而不影响下一年的生产，应加强饲养，促其尽快恢复。

饲养上，公貂在配种结束后的近 20 天内，母貂在仔貂断乳后的 20 天内，仍应喂给上一时期的日粮，20 天以后再转喂恢复期日粮。恢复期的日粮标准和日粮配合比例见表 2–15。

表 2–15 恢复期成年貂的日粮标准

性 别	饲料比例（%）			营养成分（克）		
	动物性饲料	谷物性饲料	果蔬类饲料	蛋白质	脂 肪	碳水化合物
公	60	32	8	16～24	3～5	16～22
母	60	32	8	13～20	2～4	12～18

（二）种貂恢复期的管理

1. 选种 母貂哺乳结束后立即进行选种，选择当年繁殖力高的公、母貂继续在翌年利用。其余的可淘汰取皮，以节省饲料，降低成本。

2. 检查种貂恢复情况 继续留种的种貂要集中在一起，以便于管理，注意及时发现和治疗所出现的疾患，并于配种前第二次接种疫苗。恢复期至秋分（9 月下旬）时结束，秋分季节种貂已明显秋季换毛，是恢复良好的体现。如秋分季节种貂换毛尚不明显，则应在准备配种期内更要加强饲养管理。

3. 处理淘汰的老种貂 淘汰的老种貂于 6 月份内及时埋植褪黑激素，以便在 9 月底至 10 月上旬提前取皮。

第五节 水貂皮张的加工技术

一、取皮时间

（一）季节皮取皮时间

水貂正常饲养至冬毛成熟后所剥取的皮张称之为季节皮。季节皮适宜取皮时间一般在农历小雪至大雪（11 月中旬至 12 月上旬）期间，但受品种、年龄、饲养管理和光周期等因素影响。例如，珍珠色水貂和蓝宝石色水貂为 11 月 10～25 日；暗褐色和黑色水貂为 11 月 25 日至 12 月 10 日；每种毛色类型的毛皮按老年公兽、育成公兽、老龄母兽、育成母兽的顺序成熟；冬毛期饲养管理良好可适时取皮，如果饲养管理欠佳，会使冬毛成熟和取皮时间延迟。过早取皮，皮板发黑，针毛不齐；过晚取皮，毛绒光泽减退，针毛弯曲。

（二）激素皮取皮时间

埋植褪黑激素的水貂，其毛皮一般在埋植后 3～4 个月的时间内及时取皮，超过 4 个月不取皮，会出现脱毛现象。

二、毛皮成熟鉴定

取皮前要对水貂个体进行毛皮成熟鉴定，成熟一只取一只，成熟一批取一批，确保毛皮质量，提高经济效益。对毛皮成熟度进行鉴定时要观察活体毛绒特征与试宰观察皮板颜色相结合进行。

（一）冬皮成熟的标志

1. 全身被毛灵活一致 全身被毛毛锋长度均匀一致，尤其毛皮成熟晚的后臀部针毛长度与腹侧部一致，针毛毛锋灵活分散无聚拢；颈部毛锋无凹陷（俗称塌脖）；头部针毛亦竖立。

2. 被毛出现成熟的裂隙 冬皮成熟时水貂、狐和貉转动身体时，被毛出现明显的裂隙。

3. 皮肤颜色变白 冬皮成熟时，皮肤颜色由青变白，用嘴吹开尾毛观察皮肤呈淡粉红色。

（二）试剥观察皮板

正式取皮前选冬皮成熟的个体，先试剥几只，观察冬皮成熟情况，达到成熟标准时再正式取皮，达不到标准时，则不要盲目剥皮。

试宰剥皮时，冬毛成熟的皮张，皮板呈乳白色，皮下结缔组织松软，形成一定厚度的脂肪层，刮油省力。

三、取皮方法与生皮初加工

（一）处死方法

处死水貂的方法要求迅速便捷，不损坏和污染毛绒。处死前应停止喂饲。生产中的处死方法有折颈法、心脏注射空气法、药物致死法和电击法等。近年来生产中常用窒息法，该法是将水貂放入密闭容器内，然后用胶管将汽车废气或二氧化碳气体充入容器里，经 3～5 分钟，可令水貂窒息死亡。此法操作简便，效率高，水貂痛苦小，且不损害皮张。

处死后的尸体要摆放在清洁干净凉爽的物体上，不要沾污泥土灰尘，尸体严禁堆放在一起，以防体温散热不畅而引起受闷脱毛。要及时按商品皮规格要求剥成头、尾、后肢齐全的筒状皮。如来不及当天剥皮，应将尸体放在 -1～10℃处保管，如温度过高，微生物和酶容易破坏皮板；温度过低，则容易形成冻糠板，

影响毛皮品质。

（二）剥皮方法

水貂的剥皮应尽量在屠宰后不久，尸体尚有一定温度时进行。僵硬或冷冻的尸体剥皮十分困难。皮张应按其商品规格要求进行剥皮，保持皮形完整，头、耳、须、尾、腿齐全；去掉前爪，抽出尾骨、腿骨，除净油脂。

1. 挑裆 用锋利尖刀从一后肢掌底处下刀，沿股内侧长短毛分界线挑开皮肤至肛门前缘约 3.3 厘米处，再继续挑到另一后肢掌底。然后从尾腹部正中线 1/2 处下刀，沿正中线挑开尾皮至肛门后缘；再将肛门周围所连接的皮肤挑开，留一小块三角形毛皮在肛门上。

2. 剪断前肢爪掌 用骨剪或直径 10 厘米的小电锯从腕关节处剪掉前肢爪掌，或把此处皮肤环状切开。

3. 抽尾骨 剥离尾骨两侧皮肤至挑尾的下刀处，用一手或剪刀把固定尾皮，另一手将尾骨抽出，再将尾皮全部挑开至尾尖部。

4. 剥离后肢 用手撕剥后肢两侧皮肤至掌骨部，用剪刀剪断，但要使后肢完整而带爪。然后剪断母兽的尿生殖褶或公兽的包皮囊。

5. 翻剥躯干部 将皮兽两后肢挂在铁钩上固定好，两手抓住后裆部毛皮，从后向前（或从上向下），筒状剥离皮板至前肢处，并使皮板与前肢分离。

6. 翻剥颈、头部 继续翻剥皮板至颈、头部交界处，找到耳根处将耳割断，再继续向前剥，将眼睑、嘴角割断，剥至鼻端时，再将鼻骨割断，使耳、鼻、嘴角完整地留在皮板上，注意勿将耳孔、眼孔割大。

（三）刮 油

刮油的目的是把皮板上的油脂、残肉清除干净，以利于皮张上楦和干燥。剥下的鲜皮宜立即刮油，如来不及马上刮油，应将皮板翻到内侧存放，以防油脂干燥，造成刮油困难。

刮油时将筒皮套在粗细适合的厚橡胶管上或木制刮油棒上，然后拉紧皮张，从尾部和后肢往头部刮。大、中型养殖场，除用手工刮油外，也可用刮油机，或先用机械刮油，后用手工细刮的刮油方法。

（四）修　剪

刮油时，皮张的边缘、尾部、四肢和头部不易刮净，可用剪子将残留的肌肉和脂肪剪净，并将耳孔适当剪大。注意勿将皮板剪破，造成破洞。修剪后将皮板用锯末搓擦，抖净锯末后，准备洗皮。

（五）洗　皮

水貂在刮油后，要用小米粒大小的硬质锯末或粉碎玉米芯洗皮。其目的是去除皮板和毛绒上的油脂。不能用麸皮和有树脂的锯末洗皮。先洗掉皮板上浮油后，再洗毛被，要求洗净油脂并使毛绒清洁达到应有的光泽。皮板和毛绒应分别洗，洗完皮板后再翻过来洗毛面。毛皮数量多时，也可以用机械洗皮法。

（六）上　楦

上楦的目的是使鲜皮干燥后有符合商品皮要求的规格形状。要求是头部要上正，左右要对称，后裆部和背、腹部皮缘要基本平齐，皮长不要过分拉抻，尾皮要平展并缩短。应尽量毛朝外上楦，不宜皮板朝外上楦。然后用钉子固定尾、四肢和头等部位。

（七）干　燥

干燥的目的是去除鲜皮内的水分，使其干燥成形并利于保管贮存。上好楦的皮张干燥方法有烘干和风干两种。无论哪种干燥形式，待皮张基本干燥成形后，均应及时下楦。提倡毛朝外上楦吹风干燥，效率高，加工质量好。干燥室温度保持在 20～25℃，严防暴热或暴烤。防止出现毛弯曲、焦板皮、焖板脱毛现象。

（八）下　楦

下楦前一定要把图钉去除干净。下楦的皮张首先要进行风晾，即下楦后的皮张用细铁丝从眼孔穿过，每 20 张一串，在室

温13℃左右、空气相对湿度65%～70%的黑暗房间内悬挂几天。然后用转笼、转鼓机械洗皮除去油污和灰尘。

（九）整理贮存

干透的毛皮还要用毛巾擦拭毛面，去除污渍和尘土，遇有毛绒缠结情况要小心把缠结部位梳开。按毛皮收购等级、尺码要求初验分类，把相同类别的皮张分在一起。

初验分类后，将相同类别的皮张背对背、腹对腹捆在一起，放入纸、木箱内暂存保管，每捆或每箱上加注标签，标注等级、性别、数量。

初加工的皮张原则上尽早销售处理，确需暂存贮藏时，要严防虫灾、火灾、水灾、鼠灾和盗窃发生。

第六节　埋植褪黑激素诱导冬毛早熟技术

褪黑激素是一种主要由松果体细胞在暗环境下分泌的吲哚类激素（5-甲氧基-N-乙酰色氨酸），现已能人工合成并生产。大量研究资料表明褪黑激素参与了对动物换毛、生殖及其他生物节律和免疫活动的调节，具有镇静、镇痛、调节生长和繁殖的作用。在水貂上主要用来诱导冬毛早熟。

一、褪黑激素作用原理

水貂毛被生长的周期性受光周期制约，其实质是通过松果体分泌的褪黑激素控制。长日照抑制褪黑激素的合成，使分泌量减少；而当光照长度缩短时，就会减轻这种抑制，褪黑激素的合成量增多，分泌量也随之增加，从而诱发夏毛脱落，生长冬毛。因此，冬毛生长与褪黑激素水平密切相关。在夏季采用人工方法将外源褪黑激素埋植在水貂皮下，并且使褪黑激素逐渐释放出来，则会使水貂体内的褪黑激素水平升高，起到相当于短日照的作用，从而使夏毛提前脱落，冬毛提前生长并成熟。

二、褪黑激素使用方法

（一）褪黑激素适宜埋植时间

1. 淘汰老种貂　老种貂繁殖结束即仔貂断乳分窝后要适时初选，淘汰的老种貂在6月份内埋植褪黑激素。但埋植时老种貂应有明显的春季脱毛迹象，如冬毛尚未脱换应暂缓埋植，否则效果不佳。

2. 幼貂　当年淘汰的幼貂应在断乳分窝3周以后，一般进入7月份埋植褪黑激素。出生晚的幼貂也可在8～9月份埋植，虽然提前取皮效果不明显，但埋植后有促进生长、加快育肥和促进毛绒成熟的作用，对提高毛皮质量有益。

（二）埋植部位

在皮貂颈背部略靠近耳根部的皮下处。埋植时先用一只手捏起皮貂颈背部皮肤，另一只手将装好药粒的埋植针头斜向下方刺透皮肤，再将针头稍抬起平刺到皮下深部，将药粒推置于颈背部的皮肤下和肌肉外的结缔组织中。注意勿将药粒植入到肌肉中，否则会因加快药物释放速度而影响使用效果。

（三）埋植剂量

水貂不分老、幼貂均埋植1粒，没必要增加埋植剂量。但要注意防止埋植中药粒丢脱。

（四）埋植时的药械消毒

埋植褪黑激素应使用专用的埋植注射器。要严格注意埋植药械和埋植部位的消毒，要用消毒酒精充分浸湿药粒和埋植器针头，埋植部位毛绒和皮肤也要用酒精棉擦拭消毒，以防感染发生。

三、应用褪黑激素注意事项

（一）褪黑激素埋植物质量可靠

褪黑激素埋植物是一种体内缓释植入物，质量好的褪黑激素埋植物应含量充足、埋植后缓释时间长（3～4 个月），适时使用褪黑激素埋植物，幼貂冬皮可提前取皮 30～52 天，成年貂提前取皮 30～70 天。褪黑激素埋植物产品性质较稳定，一般常温避光保存 1～2 年亦不失效，若在冰箱中低温保存效果更佳。

（二）适时埋植褪黑激素

要提高应用褪黑激素埋植物的经济效益，关键是适时埋植，准确掌握判断冬皮成熟的标准适时取皮。冬皮成熟的日期与埋植褪黑激素的日期、水貂品种色型和年龄有关。

（三）饲料营养调整

埋植褪黑激素 10 天左右，水貂食欲增加，此时应注意调整饲料的营养供给，以满足貂毛的生长需要。生产中各饲养场使用相同的褪黑激素埋植物，可能效果有所不同，这主要与各饲养场饲料营养及时调整与否和判断冬皮成熟的经验有关。

（四）其　他

因褪黑激素埋植物体积小、易丢失，因此，应注意检查褪黑激素埋植物是否按要求的数量经埋植器推入皮下。另外，在水貂传染病期间禁止埋植褪黑激素，以免加速传染病的传播流行。

四、埋植褪黑激素后饲养管理

（一）埋植后的饲养

埋植褪黑激素后机体已转入冬毛生长期生理变化，故应采用冬毛生长期饲养标准饲养。并应适时增加和保证饲料量。埋植褪黑激素 2 周以后，食欲旺盛，采食量急剧增加，要适时增加和保证饲料供给量，以吃饱而少有剩食为度。

（二）埋植后的管理

宜养在棚舍内光照较低的地方，防止阳光直射，可提高毛皮质量；察看换毛和毛被生长状况，遇有局部脱毛不净或毛绒黏结时，要及时活体梳毛。加强笼舍卫生管理，根治螨、癣类皮肤病。

五、埋植褪黑激素后取皮时间

（一）正常取皮

从埋植日计算，90～120 天内为适宜取皮期，在正常饲养管理条件下皮貂的毛皮在此时间内均应成熟。

（二）强制取皮

如埋植褪黑激素 120 天后皮貂的毛皮仍达不到成熟程度，一般不要再继续等待，而是采取强制取皮。否则，会出现毛绒脱换的不良后果。

第三章 狐

第一节 养狐场建设

一、棚 舍

狐棚建设基本同貂棚，一般长 50～100 米，宽 4～5 米（两排笼舍）和 8～10 米（四排笼舍），棚脊高 2.2～2.5 米，檐高 1.3～1.5 米，作业通道 1.2 米，棚顶盖成“人”字形。

二、笼舍和小室

（一）狐 笼

狐笼一般采用镀锌铁丝编织而成。笼底用 12 号或 14 号铁丝，笼的网眼大小为 2.5～3 厘米。四壁及顶部网眼为 3～4 厘米。种狐笼规格为长 100～150 厘米、宽 70～80 厘米、高 60～70 厘米，其安装在牢固的支架上，支柱用铁筋、木框、三角铁或用砖砌成的底座均可，笼底距地面 50～60 厘米。在笼正面一侧设门，以便于捕捉狐和喂食用，规格为宽 40～45 厘米，高 60～70 厘米。皮狐笼的规格一般为长 80 厘米，宽 80 厘米，高 80 厘米。

（二）小 室

在狐笼一端连接小室，小室可用木板制作，也可以用砖砌成。木制小室的规格是长 60～70 厘米，宽不小于 50 厘米，高 45～50 厘米。用砖砌的小室可以稍大些，小室顶部要设一活动的盖板，以利于更换垫草及消毒。小室正对狐笼的一面要留 25 厘米×25 厘米的小门，以便于与狐笼连为一体，便于清扫和消毒。公狐小室可以稍小些，长×深×高＝50 厘米×50 厘米×45 厘米。小室板厚为 2 厘米，木板要光滑，木板衔接处尽量无缝隙，用纸或布将缝隙粘糊严密，以不漏风为好，并且在小室门内要有一挡板。用砖砌的小室，其底部应铺一层木板，以防凉、防湿。小室不能用铁板或水泥板制作。

在建造及安装狐笼舍和小室时同水貂笼舍的安装一样，也需注意以下四方面的问题：一是狐笼及小室内壁不能有铁丝头、钉尖、铁皮尖等露出笼舍平面，以防刮伤狐。二是狐笼底距地面留出 40～60 厘米高度，以便清扫操作。三是使用食盒喂食的笼舍，在笼内应用粗号铁丝安装一个食盒架，以防狐把盛有饲料的食盒拖走或弄翻，浪费饲料。四是水盒应挂在狐笼的前侧，既便于冲洗添水，又便于狐饮用。

第二节　狐的品种及特征

一、银 黑 狐

银黑狐全身被毛基本为黑色，有银色毛均匀地分布全身，臀部银色重，往前颈部、头部逐渐变淡，黑色逐渐加重。针毛分为 3 个色段，基部为黑色，毛尖也为黑色，中间一段为白色；绒毛为灰褐色。银黑狐的吻部、双耳的背面，腹部和四肢毛色均为黑色。银黑狐在嘴角、眼睛周围有银色毛，脸上有一圈银色毛构成银环。尾部绒毛也是灰褐色，针毛同背部一样，尾尖是纯白色。

银黑狐腿高，腰细，尾巴粗而长，吻尖而长，幼狐眼睛凹陷，成年狐时两眼大而亮，两耳直立精神。一般公狐体重为

5.8～7.8千克，体长66～75厘米；母狐体重5.2～7.2千克，体长62～70厘米。

二、赤　狐

赤狐体躯较长，四肢短，颜面长，吻尖，尾长超过体长的一半，可达40～60厘米。毛色变异大，耳背面和四肢通常是黑色或黑褐色；喉部、前胸、腹部的毛色浅淡，呈浅灰褐色或黄白色；体躯背部的毛色是火红色或棕红色；尾毛蓬松，红褐带黑色，尾尖白色。

赤狐体高40～45厘米；公狐体重5.8～7.8千克，体长66～75厘米；母狐体重5.2～7.4千克，体长55～75厘米。

三、北 极 狐

体型比银黑狐略小一些，躯体较胖，腿较短，嘴短粗，耳较小且宽而圆。被毛丰厚，绒毛稠密。足掌有密毛，可适应寒冷的气候。成年公狐体重5.5～7.5千克，体长56～68厘米，最长可达75厘米，尾长21～37千克；母狐体重4.5～6千克，体长55～60厘米。

野生北极狐的毛色从深蓝至纯白，多种多样。北极狐的蓝色型是蓝狐，体色整年都是蓝色的。比较常见的蓝色型是深灰且略呈褐色的阿拉斯加蓝狐和颜色略浅的极地北极狐。现今养殖的蓝狐部分源自这两种蓝狐。冬季呈白色的北极狐夏季呈灰色。

四、彩　狐

彩狐，实际上是银黑狐、赤狐和北极狐在人工饲养过程中或野生状态下的毛色变种。这些变种狐有的色型经过选育提高扩繁，形成了新的色型；有的色型目前数量还很少；有的色型则由于毛色差或毛绒品质低劣而逐步被淘汰。目前，银黑狐、赤狐的毛色变种狐，以及不同色型交配所产生的新色型，共有20多个。

北极狐的变种色型近 10 个。

银黑狐、赤狐类毛色变种的彩狐其体型外貌与银黑狐、赤狐相似，区别主要在毛色上。北极狐的毛色变种狐除毛色与野生型有差异外，其余的特征也同样近似于野生型。

彩狐主要色型及特征如下。

（一）珍 珠 狐

珍珠狐是银黑狐的突变种，最早出现于美国。体型近于银黑狐，针毛呈青灰色，即银黑狐黑色的部位在珍珠狐呈青灰色，绒毛灰色，白尾尖。常见的珍珠狐有两种基因型，而同种基因型的狐表型又有暗色和淡色之分。

（二）大理石狐

大理石狐是一种有花斑纹的狐。花纹主要分布在脊部、前额、耳郭、眼睛周围。又可根据花斑纹颜色的不同分为黑色大理石、咖啡色大理石、珍珠大理石等。

（三）白 金 狐

白金狐是培育较早的一种彩狐，曾一度主宰彩狐皮市场，皮张最高售价达到银黑狐皮张的 8 倍。白金狐携带致死基因，纯合时在胚胎期死亡，所以白金狐都是杂合子。白金狐纯种繁育时产仔数下降。

（四）琥 珀 狐

首次获得琥珀狐的是美国。被毛呈淡棕色，针毛顶端为淡棕色，中部白色，基部淡棕色，绒毛为淡棕色，白尾尖，体型近于银黑狐。

（五）巧克力狐

此狐毛色近似巧克力色，目前的饲养数量在彩狐中仅次于以上几种。

（六）蓝宝石狐

蓝宝石狐是近几年培育的新色型，它以毛色美观、毛绒品质优良而深受欢迎。蓝宝石狐被毛除腹部、尾尖外均呈淡蓝色。

（七）雪 光 狐

雪光狐全身背体侧毛呈白色，耳背、四肢毛褐色，尾毛微黄灰色，白尾尖。

（八）希 望 狐

希望狐全身毛色呈浅粉色，白胡须，白尾尖，性情凶猛。

（九）银 蓝 狐

银蓝狐是银黑狐和北极狐的杂交所获得，毛色属银黑狐特点，体型和毛质趋于北极狐。此狐后代不育，毛皮价格高于北极狐。

第三节　狐的繁殖

一、发　情

（一）公狐发情特点

进入发情期的公银黑狐表现出活泼好动，采食量有所下降，排尿次数增多，尿中“狐香”味加浓，对放进同一笼的母狐表现出较大兴趣。

公北极狐的发情表现与银黑狐相似，采食量减少，趋向异性，对母狐较为接近，时常扒笼观望邻笼的母狐，并发出“咕咕”的叫声，有急躁表现。

当把母狐放入发情较好的公狐笼中，公狐会对母狐表现出极大的兴趣，除频频向笼侧排尿外，常与母狐嬉戏玩要；触摸其睾丸可发现，阴囊无毛或少毛，睾丸具有弹性；如果用按摩法采精，可采出成熟精子。

（二）母狐发情特点

银黑狐发情延续 5～10 天，北极狐为 9～14 天，但真正接受配种的发情旺期较短，银黑狐持续仅 2～3 天。北极狐 4～5 天。狐是自然排卵动物。一般银黑狐排卵发生在发情后的第一天

下午或第二天早上，北极狐在发情后的第二天。但是所有滤泡并不是同时成熟和排卵，最初和最后一次排卵的间隔时间，银黑狐为 3 天，北极狐为 5～7 天。

发情期母狐的生殖器官发生明显变化。在生产实践中，主要根据母狐行为表现、外阴部变化、阴道分泌物涂片镜检（图 3–1）及试配观察，并借助于发情探测器进行发情鉴定。狐的发情期可分为以下 3 个阶段。

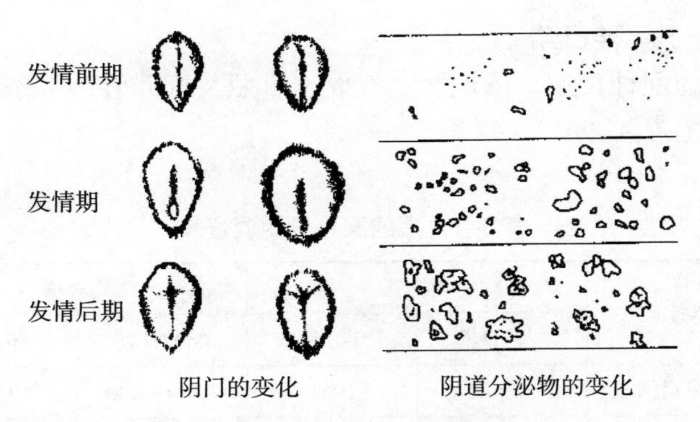

图 3–1　母狐外阴部变化及阴道涂片

1. 发情前期　母狐不安，在笼内游走，开始有性兴奋的表现；外阴部稍微肿胀；阴道涂片见白细胞占优势，少见有核上皮细胞；测情器数值银黑狐一般为 150 左右，北极狐 200 左右。此期银黑狐可持续 2～3 天，北极狐 3～4 天，个别母狐延续 5～7 天。

2. 发情期　此期母狐愿与公狐接近，公母在一起玩要时，母狐温驯；外阴部高度肿胀，差不多呈圆形，阴唇外翻，阴蒂外露呈粉红色，富有弹性，并有黏液流出；阴道涂片可见角质化无核细胞占多数；测情器数值银黑狐为 200～500，北极狐 300～800。公狐表现也相当活跃、兴奋，频频排尿，不断爬跨母狐，经过几次爬跨后，母狐把尾翘向一边，安静地站立等候交配。此期银黑狐持续 2～3 天，北极狐持续 4～5 天。

3. 发情后期

母狐表现出戒备状态，拒绝交配；外阴部开始萎缩，弹性消失，外阴部颜色变得很深（呈紫色），而且上部出现轻微皱褶；阴道涂片又出现有核细胞和白细胞；测情器数值较上一时期明显下降。

二、配　种

（一）配种日期

狐的配种日期，依地区、气候、日照及饲养管理等条件而有所不同（表 3–1）。

表 3–1　狐的配种日期调查表

场别	银黑狐		北极狐	
	配种日期	年　度	配种日期	年　度
黑龙江横道河子	1.30～4.2	1961	3.24～4.30	1961
黑龙江泰康	2.2～3.2	1961	3.2～4..1	1961
黑龙江哈尔滨	2.21～4.21	1983	2.26～4.20	1960
吉林左家	1.26～3.24	1960	2.21～4.2	1960
辽宁金州	1.31～4.5	1985	2.18～4.30	1985
山东胶南	1.20～3.5	1988	2.25～5.1	1989

我国东北地区银黑狐的配种期为 1 月下旬至 3 月下旬，北极狐为 2 月下旬至 4 月下旬。由国外引进的北极狐，当年配种期比自繁狐推迟 10～20 天，但呈逐年提前的趋势，一般经过 3 年后配种期基本稳定。

（二）配种方法

狐的配种方法包括自然交配和人工授精两种。

1. 自然交配 可分合笼饲养交配和人工放对配种。合笼饲养交配是指在整个配种季节内，将选好的公、母狐放在同一笼内饲养，任其自由交配。人工放对配种是将公、母狐隔离饲养，在母狐发情的旺期，把公、母狐放到一起进行交配，交配后将公、母狐分开；一般采用连日或隔日复配，银黑狐复配 1～2 次，而北极狐应复配 2～3 次。

自然交配法的最大缺点是使用种公狐较多，造成饲养成本增加，且优秀种公狐的种用价值得不到最大发挥。因此，已逐渐被人工授精技术所代替。

2. 人工授精 人工授精是用器械或其他人为方法采取公狐的精液，再用器械将精液输入发情好的母狐子宫内，以代替公母狐自然交配的方法。是近 10 余年来在养狐业中广泛应用的一项新技术，在充分发挥优良种公狐种用价值的同时，对改良和提高我国地产狐的种群质量和毛皮质量起到了极大的促进作用。

人工授精技术主要包括采精、精液品质检查、精液的稀释、精液的保存和输精。

（1）采精 采精方法主要是手按摩采精。公狐每周采精 3～4 次，一般连续采精 2～3 天应休息 1～2 天。不能随意增加采精次数，否则不仅会降低精液品质，而且会造成公狐生殖功能降低和体质衰弱等不良后果。

（2）精液品质检查 精液品质检查的项目很多，在生产实践中，一般包括射精量、色味、气味、pH 值、精子活力、精子密度等。当公狐精子活力低于 0.7，畸形精子占 10% 以上时，受胎率明显下降，该种精液为不合格精液，不能用于输精。

（3）精液的稀释 精液的适宜稀释倍数应根据采到的精液的质量，尤其是精子的活力和密度、每次输精所需的有效精子数（每次最少不低于 3 000 万个精子）而定。新采得的精液要尽快稀释，稀释的温度与精液的温度必须调整一致，以 30～35℃为宜。稀释时，将稀释液沿精液瓶壁或插入的灭菌玻璃棒缓慢倒

入，轻轻摇匀，防止剧烈震荡。稀释后即进行镜检，检查精子活力。

（4）精液的保存 狐的精液保存目前主要采用常温保存法（15～25℃，一般不超过2小时），即现采现用。

（5）输精 用狐用针式输精器（图3–2）将保存的精液（升温到35℃，镜检活力大于0.6）注入子宫内的过程。输精时间应根据母狐发情鉴定情况，在母狐发情旺期进行输精。如果精液品质好，第一次输精后，过24小时再输第二次即可；倘若精液品质较差，可连续输3天，每日1次。

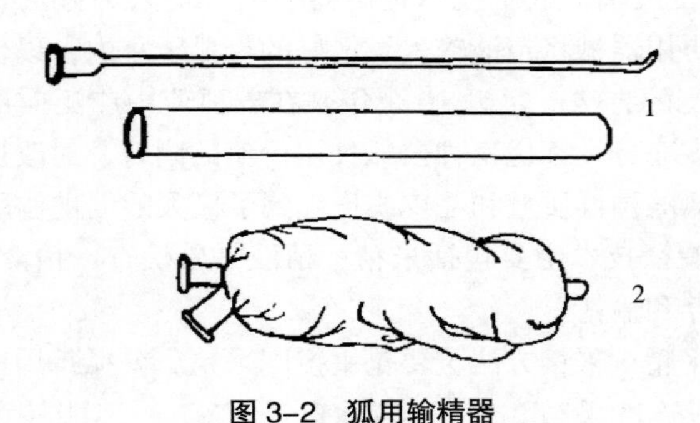

图3–2 狐用输精器

1. 针式输精器 2. 气泡式输精器

三、妊 娠

（一）妊 娠 期

银黑狐和北极狐的平均妊娠期为51～52天，前者变动范围为50～61天，后者为50～58天。据对105头银黑狐和233头北极狐妊娠期统计资料，51～55天的占95%以上（银黑狐），52～56天的占84%以上（北极狐）。母狐妊娠期的长短与产仔数有一定关系（表3–2）。

表 3-2　妊娠长短与胎平均产仔数关系（北极狐）

项　目	妊娠期				
	46～49 天	50～52 天	53～55 天	56～62 天	合　计
产胎数	5	25	17	7	54
产仔数（只）	4.5	276	197	40	540
胎平均（只）	9.0	11.0	10.5	5.7	10

（引自朴厚坤等，2006）

（二）预产期推算方法

为提高仔狐的成活率，加强对产仔母狐的护理工作，需在配种结束后，将母狐的预产期推算出来。推算母狐预产期的方法有两种，一种是日期推算法；另一种是图表快速推算法，前一种方法常用。

日期推算法比较简单，从母狐最后一次受配日期算起，月份加 2，日期减 7，如果日减 7 后为负数，则先把月份去掉 1 个月（1 个月按 30 天计算），然后用 30 减去负数的数值即为产仔日。例如，某母狐最后 1 次交配是在 2 月 10 日，那么它的预产期推算为：2 ＋ 2＝4（月份）10－7＝3（日期），即该母狐的预产期为 4 月 3 日左右。又如，某母狐配种结束在 3 月 1 日，预产期为：3 ＋ 2＝5（月份），因为 1－7＝－6（日期），所以应为 30－6＝24（日期），那么其预产期为 4 月 24 日。

（三）胚胎发育

胚胎在妊娠前半期发育较慢，后半期发育很快。30 天以前胚胎重 1 克，35 天时 5 克，40 天时 10 克，48 天时 65～70 克。据 Bojihhckhh 等研究资料，妊娠 23～26 天后胚胎身长为 3～4 厘米，30～33 天时 7～8 厘米，重达 50 克。妊娠 4～5 周后可以观察到母狐的腹部膨大并稍下垂，用触摸方法可以进行妊娠诊断。

胚胎在妊娠的不同阶段均可发生死亡，造成妊娠中断。早期

胚胎死亡比较多见，主要由于母狐营养不足、维生素缺乏等；死亡的胚胎多被母体吸收，妊娠母狐腹围逐渐缩小。胎儿长大后死亡会引起流产，多由于母狐食入变质饲料或疾病引起。

四、产　仔

（一）产 仔 期

狐的产仔期虽然依地区不同而有所差异，但银黑狐多半在3月下旬至4月下旬产仔，北极狐在4月中旬至6月中旬产仔。北极狐的产仔旺期集中在4月下旬至5月份之间，占总产胎数的85.5%，6月1日以后产的只占4.9%。

（二）产仔过程

母狐产前活动减少，常卧于小室里。临产前1～2天，母狐拔掉乳头周围的毛，并拒食1～2顿。产仔多半在夜间或清晨，产程需1～2小时，有时达3～4小时。银黑狐胎平均产仔4.5～5.0只，北极狐8～10只。

产仔后母狐母性很强，除吃食外，一般不出小室。个别母狐有抛弃或践踏仔狐的行为，多为母狐高度受惊造成的。

（三）难　产

母狐难产时，食欲突然下降，精神不振，焦躁不安，不断取蹲坐排粪姿势或舔外阴部。难产时可用前列腺素（PG）和缩宫素混合物（0.3毫克PGE_2和10国际单位合成缩宫素2毫升）注入子宫内。经催产仍无效时，根据情况立即剖腹取胎。

（四）健康仔狐判断标准

银黑狐初生重为80～130克，北极狐60～80克。初生狐闭眼，无听觉，无牙齿，身上胎毛稀疏，呈灰黑色。仔狐出生后1～2小时，身上胎毛干后，即可爬行寻找乳头吮乳，吃乳后便沉睡，直至需再行吮乳才能醒过来嘶叫。3～4小时吃乳1次。

健康的仔狐，全身干燥，叫声尖、短而有力，体躯温暖，成堆地卧在产房内抱成团，大小均匀，发育良好。拿在手中挣扎有力，全身紧凑。出生后14～16天睁眼，并长出门齿和犬齿；18～39日龄时开始吃由母狐叼入的饲料。

弱仔则胎毛潮湿，体躯凉，在窝内各自分散，四面乱爬，握在手中挣扎无力，叫声嘶哑，腹部干瘪或松软，大小相差悬殊。

据统计，仔狐的早期死亡，多半在5日龄以前，随着日龄增加，其死亡率下降。

五、选　种

（一）选种过程

选种是饲养场的一项经常性工作，生产中每年至少进行3次选择，即初选、复选和精选3个阶段。

1. 初选　5～6月份对成年狐根据选种标准进行初选。在初选时，凡是符合选种条件的成年狐全部留种；当年幼狐在断乳时（40日龄），根据同窝仔狐数及生长发育情况、出生早晚进行初选，幼狐应比计划数多留30%～40%。

2. 复选　9～10月份根据脱换毛速度、生长发育、体况恢复等情况，在初选的基础上进行复选。这时应比计划数多留20%～25%。为终选打好基础。

3. 终选　在11月份取皮之前，根据毛被品质和半年来的实际观察记录进行严格选种。

银黑狐和北极狐凡体型小或畸形者，银黑狐7年以上，北极狐6年以上的不宜留种；营养不良、经常患病、食欲不振、换毛推迟者也要淘汰。

（二）选种标准

种狐的选种应以个体品质、系谱测定和同胞测定等综合指标为依据。

1. 个体品质鉴定

（1）毛绒品质鉴定　银黑狐毛绒品质鉴定时，主要指标如下。

银毛率即银黑狐身全的银色毛所占的面积的比例而定。银色

毛的分布由尾根至耳根为100%，由尾根至肩部为75%，尾根至耳之间的一半为50%，尾根至耳间的1/4为25%。种狐的银毛率应达到75%～100%。

银毛强度按照银色毛分布的多少和银毛上端白色部分（银环）的宽窄来衡量，可分为大、中、小3类。银环越宽，银色强度越大，银色毛越明显。种狐以银色强度大为宜。

银环颜色可分为纯白色、白色、微黄或浅褐3种类型。其宽度可分为宽（10～15毫米）、中（6～10毫米）和窄（＜6毫米）3类。种狐银环颜色要纯白而宽，但宽不应超过15毫米。

“雾”针毛的黑色毛尖露在银环之上，使银黑狐的毛被形成“雾”状。如果黑色毛尖很小，称“轻雾”；如果银环窄，并且其位置很低，称“重雾”。种狐以“雾”正常为宜，轻或重均不理想。

黑带在脊背上针毛的黑毛尖和黑色定型毛形成黑带。有时这种黑带虽然不明显，但用手从侧面往背脊轻微滑动，就可看清。种狐以黑带明显为宜。

尾的形状可分为宽圆柱形和圆锥形。尾端的白色部分有大（＞8厘米）、中（4～8厘米）、小（＜4厘米）之分；其颜色有纯白、微黄和掺有黑色等3类。种狐尾以宽圆柱形、尾端纯白而宽为宜。

针、绒毛长度要求正常，即针毛长50～70毫米，绒毛长20～40毫米；密度以稠密为宜；毛有弹性，无缠结，针毛细度为50～80微米，绒毛细度为20～30微米。

北极狐则要求毛绒浅蓝，针毛平齐，长度40毫米左右，细度54～55微米；绒毛色正，长度25毫米左右，密度适中，不宜带褐色或白色，尾部毛绒颜色与全身毛色一致，没有褐斑，毛绒密度大，有弹性，绒毛无缠结。

银黑狐毛和北极狐毛绒品质等级鉴定标准见表3–3和表3–4。

表 3–3　银黑狐毛绒品质鉴定标准

项　目	一　级	二　级	三　级
综合印象	优秀	良好	一　般
银毛率（%）	75～100	50～75	25～50
银毛颜色	珍珠白色	白色	微黄
健康状况	优	良	一般
银色强度	大	中等	小
银环大小（宽）	12～16 厘米	8～12 厘米	< 8 厘米或 > 16 厘米
“雾”	正常	重	轻
尾的毛色	黑色	阴暗	暗褐色
尾端白色大小	> 8 厘米	4～8 厘米	< 4 厘米
尾末端形状	宽圆柱形	中等圆柱形或粗圆锥形	窄圆锥形
躯干绒毛颜色	浅蓝色	深灰色	灰色或微灰色
背　带	良好	微弱	没有

（引自朴厚坤等，2006）

表 3–4　北极狐毛绒品质要求

项　目	一　级	二　级	三　级
综合印象	优秀	良好	一般
躯干和尾部毛色	浅蓝	蓝色及带褐色	褐色或带白色
光泽强度	大	中等	微弱
针毛长度	正常、平齐	很长、不太平齐	短、不平齐
毛绒密度	稍密	不很稠密	稀少
毛弹性	有弹性	软柔	粗糙
绒毛缠结	无	轻微	全身都有

（引自朴厚坤等，2006）

种狐的品质鉴定分育成幼狐和成年狐分别进行。留种原则，公狐应达到一级，母狐应达二级以上。

（2）体型鉴定　狐的体型鉴定一般采用目测和称重相结合的方式进行。种狐的体重，银黑狐：5～6 千克，体长公狐 68 厘米以上，母狐 65 厘米以上；北极狐：公狐大于 7.5 千克，母狐大于 6.7 千克，体长公狐大于 70 厘米，母狐大于 65 厘米。

此外，除进行体型鉴定外，还要注意对狐的如下几个外貌部位的观察鉴定。

头大小都应和身躯的长短相适应，头大体驱小或头小体躯大都不符合要求。

鼻与口腔鼻孔轮廓应明显，鼻孔大，黏膜呈粉红色，鼻镜湿润，无鼻液。口腔黏膜无溃疡，下颌无流涎。

眼和耳注意观察结膜是否充血，角膜是否混浊，是否流泪或有浓液分泌物等。眼睛要圆大明亮，活泼有神；耳直立稍倾向两侧，耳内无黄褐色积垢。

颈要求颈和躯干相协调，并附有发达的肌肉。

胸要求胸深而宽。胸的宽窄是全身肌肉发育程度的重要标志，窄胸是发育不良和体质弱的表现。

背腰和臀部要求背腰长而宽，要直；凸背、凹背都不理想；用手触摸脊椎骨时，以脊椎骨略能分辨，但又不十分清楚为宜。臀部长而宽圆，母狐要求臀部发达。

腹部前部应与胸下缘在同一水平线上，在靠近腰的部分应稍向上弯曲，乳头正常。银黑狐乳头 3 对以上，蓝狐 6 对以上。

四肢前肢粗壮、伸屈灵活，后肢长，肌肉发达、紧凑。

生殖器公狐睾丸大、有弹力，两侧对称，隐睾或单睾都不能作种用。母狐阴部无炎症。

（3）繁殖力鉴定　成年公狐应睾丸发育良好，交配早，性欲旺盛，配种能力强，性情温驯，无恶癖，择偶性不强；配种次数 8～10 次，精液品质良好，受配母狐产仔率高，胎产多，年龄

2～5岁。成年母狐应发情早，不迟于3月中旬，性情温驯，产仔多，银黑狐4只以上，北极狐7只以上；母性强，泌乳能力好。凡是生殖器官畸形、发情晚、母性不强、缺乳、爱剩食、自咬或患慢性胃肠炎和其他慢性疾病的母狐，一律不能留作种用。幼狐应选双亲体况健壮、胎产银黑狐4只以上、北极狐7只以上者；银黑狐在4月20日以前，北极狐在5月25日以前出生，发育正常。

2. 同胞鉴定（家系鉴定） 是对每个家系（同胞和半同胞）的表型平均值的鉴定。适用于遗传力较低性转如繁殖力等形状的选择。同胞鉴定在初选时有重要作用。

3. 系谱鉴定（后裔鉴定） 根据后裔的生产性能考察种狐的品质、遗传性能和种用价值。即将后裔与亲代之间的生产性能指标进行比较。优选后裔性状优良的亲代继续作种用。因此，平时应做好公、母狐的登记卡片，作为选种、选配的重要依据。种狐登记卡的格式见表3–5和表3–6。

表3–5　种母狐登记卡

<table>
<tr><td>兽号：</td><td colspan="2">体重（克）：</td><td colspan="2">体长（厘米）：</td><td>毛绒质量：</td><td>产仔数（只）：</td></tr>
<tr><td colspan="2">色型：</td><td colspan="3">同窝仔兽/只：</td><td>出生日期：</td><td>评定：优、良、中</td></tr>
<tr><td colspan="4">母：</td><td colspan="3">父：</td></tr>
<tr><td>外祖母：</td><td colspan="3">外祖父：</td><td colspan="2">祖母：</td><td>祖父：</td></tr>
</table>

繁殖性能

<table>
<tr><td rowspan="2">年度</td><td rowspan="2">公兽号</td><td colspan="2">配种日期</td><td colspan="3">产仔</td><td rowspan="2">产仔成活数</td><td colspan="3">后裔评定</td></tr>
<tr><td>初配</td><td>结束</td><td>日期</td><td>活仔</td><td>死胎</td><td>优</td><td>良</td><td>中</td></tr>
<tr><td></td><td></td><td></td><td></td><td></td><td></td><td></td><td></td><td></td><td></td><td></td></tr>
</table>

表 3-6　种公狐登记卡

<table>
<tr><td colspan="2">兽号：</td><td colspan="2">体重（克）：</td><td colspan="2">体长（厘米）：</td><td>毛绒质量：</td><td colspan="3">配种能力：</td></tr>
<tr><td colspan="3">色型：</td><td colspan="3">同窝仔兽 / 只：</td><td>出生日期：</td><td colspan="3">评定：优、良、中</td></tr>
<tr><td colspan="5">母：</td><td colspan="5">父：</td></tr>
<tr><td colspan="2">外祖母：</td><td colspan="3">外祖父：</td><td colspan="3">祖母：</td><td colspan="2">祖父：</td></tr>
<tr><td colspan="10">繁殖性能</td></tr>
<tr><td rowspan="2">年度</td><td rowspan="2">受配母貂号</td><td rowspan="2" colspan="2">配种次数</td><td colspan="2">配种日期</td><td rowspan="2">胎产</td><td colspan="3">后裔评定</td></tr>
<tr><td colspan="2">初配～结束</td><td>优</td><td>良</td><td>中</td></tr>
<tr><td></td><td></td><td colspan="2"></td><td colspan="2"></td><td></td><td></td><td></td><td></td></tr>
</table>

（三）基础种兽群的建立

种狐的年龄组成对生产有一定的影响，如果当年幼狐留得过多，不仅公狐利用率低，而且母狐发情晚，不集中，配种期推迟。实践证明，种公狐各个年龄间的配种率差异显著。其中 3～4 岁的配种率最高，2 岁次之，最低的是 1 岁狐。因此，在留种时一定要注意种公狐的年龄结构。

自然交配情况下，较理想的种狐年龄结构是，当年幼狐占 25%，2 岁狐占 35%，3 岁狐占 30%，4～5 岁狐占 10%；公母比例以 1∶3 或 1∶3.5 较适宜。

第四节　狐的饲养管理

一、狐生物学时期的划分

狐在长期进化过程中，其生命活动呈现明显的季节性变化。例如，春季繁殖交配，夏、秋季哺育幼仔，入冬前蓄积营养并长出丰厚的毛被等。依据狐一年内不同的生理特点和营养需要特点，为了饲养管理上的方便，将狐划分为不同的生物学时期（表

3–7）进行饲养管理。

表 3–7　狐生物学时期的划分

类　别	月　份											
	2	3	4	5	6	7	8	9	10	11	12	1
种公狐	配种期		恢复期				准备配种期					
种母狐	配种、妊娠期			泌乳期	恢复期		准备配种期					
幼　狐				哺乳期	育成期							

（引自白秀娟，2002）

必须强调的是，狐各生物学时期有着内在的联系，不能把各个生产时期截然分开。如在准备配种期饲养管理不当，尽管配种期加强了饲养管理，增加了很多动物性饲料，也难取得好效果。只有重视每一时期的管理工作，狐的生产才能取得良好成绩。

二、准备配种期的饲养管理

从 8 月底至翌年 1 月中旬配种之前为准备配种期，这个时期约 5 个月之久。根据光周期规律和生殖器官发育的特点，为了管理方便，又分为准备配种前期（8 月底至 11 月中旬）和准备配种后期（11 月中旬至 1 月中旬）。

（一）准备配种期的饲养

成年种狐由于经历了前一个繁殖期，体质仍然较差，而育成种狐（后备种狐）仍处于生长发育阶段。因此，在准备配种前期，饲养上应以满足成年狐体质恢复，促进育成种狐的生长发育，有利于其冬毛成熟为重点。准备配种后期的任务是平衡营养，调整种狐的体况，从 12 月份到翌年 1 月份，种狐要保持中上等体况。

此期日粮供给上，要求饲料营养全价，品种保持相对稳定，品质新鲜，适口性强，易消化。特别应注重供给种狐易消化、蛋

白质含量高的饲料，以促进性腺功能的增强。日粮中银黑狐需要可消化蛋白质 40～50 克，脂肪 16～22 克，碳水化合物 25～39 克，代谢能为 1.97～2.30 千焦；北极狐分别为 47～52 克、16～22 克、25～33 克和 2.0～2.64 千焦。日量配合时，动物性饲料占 60%，到配种前动物性饲料应增到 65%，谷物饲料约占 23%，果菜类占 8% 左右，还应注意多种维生素和矿物质元素的补充，一般每只每天可补喂维生素 A 1 600～2 000 国际单位、B 族维生素 220 毫克、维生素 E 10 毫克。每天可饲喂 2 次，日采食量在 0.4 千克左右。

此期如果饲养日粮不全价或数量不足，能导致种狐精子和卵子生成障碍，并影响母狐的妊娠、分娩。

（二）准备配种期的管理

1. 适当光照 光照有利于狐性器官的发育，有利于发情和交配，但没有规律地增加光照或减少光照都会影响狐生殖器官的正常发育和毛绒的正常生长。为促进种狐性器官的正常发育，要把所有种狐放在朝阳的自然光下饲养，不能放在阴暗的室内或小洞内。

2. 防寒保暖 准备配种后期气候寒冷，特别是北方，为减少种狐抵御外界寒冷而过多消耗营养物质，必须注意加强对小室的保温工作，保证小室内有干燥、柔软的垫草，并用油毡纸、塑料布等堵住小室的空隙。对于个别在小室里排便的狐，要经常检查和清理小室，勤换或补充垫草。

3. 保证采食量和充足的饮水量 准备配种后期，由于气温逐渐寒冷，饲料在室外很快结冰，影响狐的采食，在投喂饲料时应适当提高温度，使其可以吃到温暖的食物。另外，水是狐生长发育不可缺少的物质，缺水严重时会导致代谢紊乱，甚至死亡，轻者也会食欲减退、消瘦。在准备配种期应保证狐群饮水供应充足，每天 2～3 次。

4. 加强驯化 通过食物引逗等方式进行驯化，使狐不怕人，

这对繁殖有利，尤其是声音驯化更显重要。

5. 种狐体况平衡的调整　种狐的体况与繁殖力有密切关系，过肥或过瘦都会严重影响繁殖。应随时调整种狐体况，严格控制两极发展。在养狐生产中，鉴别种狐体况的方法主要是以目测、手摸为主，并结合称重进行。

肥胖体况被毛平顺光亮，脊背平宽，行动迟缓，不爱活动。用手触摸不到脊椎骨，全身脂肪非常发达。

适中体况被毛平顺光亮，体躯匀称，行动灵活，肌肉丰满。腹部圆平，用手摸脊背时，既不挡手又可感触到脊骨和肋骨。

消瘦体况全身被毛粗糙、蓬乱无光泽，肌肉不丰满，缺乏弹性，用手摸脊背和肋骨可感到突出挡手。

对于肥胖体况，到临发情期前体重要比 12 月份体重减轻 15%～16%，中上等体况的也要减轻 6%～7%。1 月下旬（银黑狐）或 2 月中旬（北极狐）要求公狐普遍保持中上等体况，母狐则以中等稍偏下为宜。

6. 异性刺激　准备配种后期，把公、母狐笼间隔摆放，增加接触时间，刺激性腺发育。

7. 做好配种前的准备工作　银黑狐在 1 月中旬，北极狐在 2 月中旬以前，应周密做好配种前的一切准备工作，维修笼舍，编制配种计划和方案，准备配种工具、捕兽钳、捕兽网、手套、配种记录表、药品等工具，以及开展技术培训等工作。

三、配种期的饲养管理

银黑狐配种期一般为 2 月上旬至 3 月上旬，北极狐配种期在 3 月初至 5 月初。配种期的早晚受地理位置、光照、营养程度、体况、年龄、饲养条件等因素影响。配种期是养狐场全年生产的重要时期。配种期饲养管理工作的主要任务是使每只母狐都能准确、适时受配。适时放对自然交配或适时实施人工授精是取得高产丰收的基础。

（一）配种期的饲养

配种期公、母狐由于性欲的影响，食欲下降，体质消耗较大，尤其公狐频繁地交配，消耗更大。经过一个配种期，大多数狐的体重下降10%～15%。所以，此期要加强饲养管理，供给优质全价、适口性好、易消化的饲料。应适当提高新鲜动物性饲料的比例，使公狐有旺盛、持久的配种能力，良好的精液品质；母狐能够正常发情，适时受配。对参加配种的公狐，中午可进行1次补饲，补给一些肉、肝、蛋黄、乳、脑等优质饲料。此期日粮中，银黑狐需要可消化蛋白质55～60克，脂肪20～30克，碳水化合物35～40克，代谢能为2.30千焦。配种期狐的日粮配合见表3-8。

表3-8　配种期狐的日粮配合

类　别	每千焦中的饲料量（克）					
	肉鱼类	谷　物	蔬　菜	乳　类	酵　母	骨　粉
银黑狐	120～134	12～17	12	24	2.4	2.4
北极狐	120～139	12～17	36	17	2.4	2.4

（引自朴厚坤等，2006）

配种期投给饲料的体积过大，会在某种程度上降低公狐活跃性而影响交配能力。配种期间可实行1～2次喂食制，如在早食前放对，公狐的补充饲料应在午前喂；在早食后放对，公狐的补充饲料应在放对后半小时进行。

（二）配种期的管理

1. 防止跑兽　配种期由于公、母狐性欲冲动，精神不安，运动量大，故应随时注意检查笼舍牢固性，严防跑狐。在对母狐发情鉴定和放对操作时，方法要正确并注意力集中，以防人、狐受伤。

2. 做好发情鉴定　公狐一般发情早于母狐，并在配种过程中，公狐起着主导作用。因此，在配种期合理利用公狐，直接关系到配种进度和当年的生产效果。在正常情况下，一只公狐可交配4～6只母狐，能配8～15次，每天可利用2次，其间隔时间应在3～4小时，但对性欲旺盛的公狐应适当控制，防止利用过频。连续配4次的公狐应休息半天或1天。对发情较晚的公狐，亦不要弃置不用，做到耐心培训，送给已初配过的母狐争取初配成功。在交配顺利的时候，特别要注意公狐精液品质的检查。在配种初期和末期应抽查镜检，尤其对性欲强而已多次交配的公狐，更应该引起重视。

3. 加强饮水　配种期公、母狐运动量增大，加之气温逐渐由寒变暖，狐的需水量日益增加。每天要保持水盆里有足够的清水，或每天至少供水4次以上。

4. 区别发情和发病狐　种狐在配种期因性欲冲动、食欲下降，尤其是公狐在放对初期，母狐临近发情时期，有的连续几天不食，要注意这种现象同疾病或外伤的区别，以便对病、伤狐及时治疗。此期要经常观察狐群的食欲、粪便、精神、活动等情况，做到心中有数。

5. 保证配种环境　配种期间，要保证饲养场安静，谢绝游人参观。放对后要注意观察公、母狐行为，防止咬伤，若发现公、母狐互相有敌意时，要及时把它们分开。另外，要搞好食具、笼舍、地面卫生，特别是温度较高地区，更要重视卫生防疫工作。

四、妊娠期的饲养管理

从受精卵形成到胎儿娩出这段时间为狐的妊娠期。此期母狐的生理特点是胎儿发育，乳腺发育，开始脱冬毛换夏毛。妊娠期是养狐生产的关键时期，这一时期饲养管理的好坏直接关系到母狐空怀率高低和产仔多少，同时关系到仔狐出生后的健康，将决定一年生产的成败。

（一）妊娠期的饲养

妊娠期是母狐全年各生物学时期中营养要求最高的时期，妊娠母狐的新陈代谢十分旺盛，对饲料和营养物质的需求比其他任何时期都严格。此期日粮除了供给母狐自身生命活动、春季换毛和胎儿生长发育所需要的营养物质外，还要供给产后泌乳的营养物质储备。

妊娠期母狐由于受精卵开始发育，雌激素分泌停止，黄体激素分泌增加，外生殖器官恢复常态而使食欲逐渐增加。特别是妊娠 28 天以后，即妊娠后半期，这个时期胎儿长得快，吸收营养也多，妊娠母狐的采食量也增加，对蛋白质和添加剂却非常敏感，稍有不足便产生不良影响，如胎儿被吸收、流产等。因此，拟定日粮时，要尽量做到营养全价，保证各种营养物质的需要，尤其是蛋白质、维生素和矿物质饲料的需要。妊娠期母狐日粮见表 3–9 和表 3–10。

表 3–9　妊娠母狐的日粮配合

饲　料	重量比	添加剂			
动物性饲料（%）	50～60	维生素 A（国际单位）	2 500	维生素 C（毫克）	10～20
谷物（%）	12～15	维生素 D（国际单位）	300～400	食盐（克）	2
蔬菜（%）	5～10	维生素 E（毫克）	5～10	鲜碎骨（克）	30～50
水（%）	10～20	维生素 B_1（毫克）	10～20	骨粉（克）	5～8
总　量	500～750 克				

（引自朴厚坤等，2006）

表 3-10　妊娠母狐日粮配合（单位：克）

狐　别	妊娠期	肉鱼类	谷　物	蔬　菜	乳　类	酵　母	骨　粉
银黑狐	前期	209～251	39.7～42.7	90～105	50～60	7.5～9.0	7.5～9.0
	后期	209～251	35.5～42.7	100～120	50～60	7.5～9.0	7.5～9.0
北极狐	前期	300～326	30～33.6	90～98	60～65	9.0～9.7	9.0～9.7
	后期	350～370	35～38	105～113	70～75	10.5～11.3	10.5～11.3

（引自朴厚坤等，2006）

妊娠期时，当银黑狐正处于产仔时，北极狐已进入配种旺期。因此，必须既要做好银黑狐妊娠、产仔期的饲养管理工作，又要做好北极狐的配种工作。妊娠期特别要注意饲料的质量，工作重点应放在饲料室工作上。胎儿从30天后发育迅速，这时狐的饲料量应增加，临产前2～3天饲料量可减少1/4。一般情况下，初次受配的母狐比经产母狐饲料量大一些，北极狐由于胎产仔数多，日粮中的营养和数量应比银黑狐多一些。

妊娠期必须供给品质新鲜的饲料，严禁饲喂贮存时间过长氧化变质的动物性饲料，以及发霉的谷物或粗制土霉素、酵母等。饲料中更不许搭配死因不明的畜禽肉、难产死亡的母畜肉、带甲状腺的气管、含有性激素的畜禽副产品（胎盘和公、母畜生殖器官）等。凡是安全性不能确定的和不合乎卫生要求的饲料尽量不喂；妊娠期饲养管理的重点在于保胎。因此，此期一定要把好饲料质量关。

饲料种类应多样化，如果饲料单纯或突然改变种类，都会引起全群食欲下降，甚至拒食。实践证明，以鱼和肉类饲料混合搭配的日粮，能获得良好的生产效果、常年以鱼类饲料为主的饲养场（户），此期增加少量的生肉（40～50克/只）；而以畜禽肉及其下杂为主的场（户），则增加少量的海杂鱼或质量好的江杂鱼。妊娠期日粮中较理想的动物性饲料搭配比例是，畜禽肉10%～20%，肉类副产品30%～40%，鱼类40%～50%。此

期和配种期一样，不能乱用各种外源激素类药物，如复方黄体酮等。

妊娠母狐的食欲普遍增加，但妊娠初期不能马上增量，妊娠前期以始终保持中上等体况为宜。正常的妊娠母狐基本上不剩食，粪便呈条状，换毛正常，多半在妊娠 30～35 天后腹部逐渐增大。当母狐经常腹泻或排出黄绿稀便，连日食欲下降甚至拒食和换毛不明显时，应立即从饲料查明原因，及时采取相应措施，否则将导致死胎、烂胎、大批空怀等不良后果。鲜肝、蛋、乳、鲜血、酵母及维生素 B_1 能提高日粮的适口性，特别是以干鱼或颗粒料为主的日粮，加入少量的畜禽肉或内脏，适口性就会明显提高。

妊娠前期不能养得太肥，如果在妊娠前 4 周里腹部明显增大，不爱活动，往往事与愿违，导致大批空怀。在妊娠期注意观察全群的食欲和营养状况，适当调整日粮标准。

母狐临产前后，多半食欲下降。因此，日粮应减去总量的 1/5，并把饲料调稀；此时饮水量增多，经常保持清洁的饮水。但暴饮则是不正常的表现，日粮中食盐量过多时有暴饮现象。

（二）妊娠期的管理

妊娠期的管理主要是给妊娠母狐创造一个安静舒适的环境，以保证胎儿的正常发育。为此应做好以下工作。

1. 保证环境安静　妊娠期应禁止外人参观，饲养人员操作时动作要轻，更不可在场内大声喧哗，以免母狐受到惊吓而引起流产、早产、难产、叼仔、拒绝哺乳等现象；为使母狐习惯与人接触，从妊娠中期开始，饲养人员要多进狐场，并对狐场内可能出现的应激加以预防。

2. 保证充足饮水　母狐妊娠期需水量大增，每天饮水不能少于 3 次，并保证饮水的清洁。

3. 搞好环境卫生　母狐妊娠期正是万物复苏的春季，是致病菌大量繁殖，疫病开始流行的时期，要搞好笼舍卫生，每天刷

洗饮、食具，每周消毒1～2次。同时，要保持小室里经常有清洁、干燥和充足的垫草，以防流感侵袭引起感冒。饲养人员每天注意观察狐群动态，发现有病不食者，要及时请兽医治疗，使其尽早恢复食欲，以免影响胎儿发育。

4. 妊娠阶段观察　妊娠15天后，母狐外阴萎缩，阴蒂收缩，外阴颜色变深；初产狐乳头似高粱粒大，经产狐乳头为大豆粒大，外观可见2～3个乳盘；喜睡，不愿活动，腹围不明显。妊娠20天，外阴呈黑灰色，恢复到配种前状态，乳头开始发育，乳头部皮肤为粉红色，乳盘放大，大部分时间静卧嗜睡，腹围增大。妊娠25天，外阴唇逐渐变大。产前6～8天阴唇裂开，有黏液，乳头发育迅速，乳盘开始肥大，为粉红色；母狐不愿活动，大部分时间静卧，腹围明显增大，后期腹围下垂。如果有流产症候者，每头妊娠狐应肌内注射黄体酮20～30毫克保胎。

5. 做好产前准备　按时记录好母狐的初配日期、复配日期、预产日期，做好记录，便于做好母狐临产前的准备工作。在母狐配种20天后要将消毒好的产箱挂上，不要打开箱门，待临产前10天再打开小箱门。预产期前5～10天要做好产箱的清理、消毒及更换垫草等工作，准备齐全和检查仔狐用的一切工具。对已到预产期的母狐更要注意观察，看其有无临产症候，乳房周围的毛是否已拔好，有无难产表现等，如有应采取相应措施。

6. 加强防逃工作　母狐妊娠期内，饲养人员要注意笼舍的维修，防止跑狐，一旦跑狐，不要猛追猛捉，以防机械性损伤造成流产或其他妊娠狐的惊恐。

7. 经常观察母狐的食欲、粪便和精神状态　发现问题要及时查找原因和采取措施。如个别妊娠母狐食欲减退，甚至1～2次拒食，但精神状态正常，鼻镜湿润，则是妊娠反应。尽量饲喂它喜欢吃的食物，如大白菜、黄瓜、番茄、新鲜小活鱼、鲜牛肝、鸡蛋、鲜牛肉等。

五、产仔泌乳期的饲养管理

对于整个狐群，从第一只母狐产仔到最后一只母狐产仔结束的时期，称为产仔期；银黑狐的产仔期一般为3月下旬至4月下旬，北极狐则在4月中旬至6月上旬。泌乳期是指从第一只母狐产仔泌乳到最后一只仔狐断乳分窝为止的一段时期，也称为哺乳期，需6～8周。产仔泌乳期通常是指从母狐产仔开始直到仔狐断乳分窝为止；该期实际上是一部分狐妊娠，一部分产仔，一部分泌乳，一部分恢复（空怀狐），仔狐由单一哺乳到分批过渡到兼食饲料，成年狐全群继续换毛的复杂生物学时期，是母狐营养消耗最大的阶段。因此，此期饲养管理的正确与否，直接影响到母狐泌乳力、持续泌乳时间以及仔狐的成活率。饲养管理的中心任务是确保仔狐成活和正常发育，达到丰产丰收的目的。

（一）产仔哺乳期的饲养

母狐每昼夜的泌乳量约占体重的10%～15%。以北极狐为例，带10只仔狐的母狐，产仔第一旬每天平均泌乳量360～380克，第二旬413～484克，第三旬349～366克；带13只仔的母狐，各旬的日泌乳量分别为442克、524克和455克。仔狐对乳的需求随着日龄的增长而增加，但开始采食饲料后便下降；仔狐的生长发育和健康状况，取决于出生后3～4周所获得母乳的数量和品质。哺乳母狐胎产仔数越多，泌乳量也越多，同时对饲料的需求也就越高。所以，在拟定泌乳母狐的日粮时，必须考虑一窝仔狐的只数和日龄。

产仔哺乳期日粮，应保持妊娠期的水平，银黑狐需要可消化蛋白质45～60克，脂肪15～20克，碳水化合物44～53克，北极狐分别为50～64克，17～21克，40～48克。银黑狐代谢能为2.51～2.72千焦，北极狐为2.72～2.93千焦。日粮搭配上饲料种类尽可能做到多样化，要适当增加蛋、乳类和肝脏等容易消化的全价饲料（表3-11）。

表 3–11 哺乳母狐的日粮配合 （单位：克 / 只）

狐 别	肉鱼类	谷 物	蔬 菜	乳 类	酵 母	骨 粉	食 盐
银黑狐	195～210	52～56	46～50	130～140	9.8～10.6	10～11	2.0
北极狐	300～320	45～50	70～75	130～140	9～10	10～11	2.5

（引自朴厚坤等，2006）

产后 1 周左右，母狐食欲迅速增加，应根据胎产仔数和仔狐的日龄以及母狐食欲情况，每天按比例增加饲料量。仔狐一般在出生后 20～28 天开始吃母狐叼入产箱内的饲料，此期母狐的饲料，加工要细碎，并保证新鲜、优质和易消化吸收。4～5 周龄仔狐，可以从产箱爬到笼里吃食，但母狐仍然不停地往产箱里叼饲料，并把饲料存放在小室的角落，容易使饲料腐败，因此应经常搞好产箱卫生。

在哺乳期日粮中脂肪量应增加到干物质的 22%，此期用骨肉汤或猪蹄汤搅拌饲料。

（二）产仔哺乳期的管理

1. 保证母狐的充足饮水 母狐生产时体能消耗很大，泌乳又需要大量的水，因此产仔泌乳期必须供给充足、清洁的饮水；同时，由于天气渐热，渴感增强，饮水还有防中暑降温的作用。如果天气炎热，还应经常在狐舍的周围进行洒水降温。

2. 做好产后检查 检查仔狐一般在气候温暖的时候进行，天气寒冷，夜间和清晨不宜进行。母狐产后应立即检查，最多不超过产后 1～2 小时，对有恐惧心理、表现不安的母狐可以推迟检查或不检查。检查的主要内容是看仔狐是否吃上母乳。吃上母乳的仔狐嘴巴黑，肚腹增大，集中群卧，安静，不嘶叫；未吃上母乳的仔狐分散在产箱内，肚腹小，不安地嘶叫。还应观察有无脐带缠身或脐带未咬断、胎衣未剥离、产多少仔狐、有无死胎等问题，发现问题及时解决。检查时，动作要迅速、准确，不可破坏产窝。检查人员手上不能有刺激性较强的异味，最好用一些狐

舍的垫草将手反复搓几次，让手上带有狐舍特有的气味。

3. 精心护理仔狐 初生仔狐体温调节机制还不健全，生活能力很弱，全靠温暖良好的产窝，以及母狐的照料而生存。因此，窝内要有充足、干燥的垫草，以利保暖。对哺乳期泌乳量不足的母狐，一是加强饲养，二是以药物催乳。可喂给 4～5 片催乳片，连续喂 3～4 次，对催乳有一定作用。经喂催乳片后，乳汁仍不足时，及时注射促甲状腺激素释放激素（TRH），有较好的催乳效果。TRH 为白色粉末，每瓶含 100 微克。使用时用 1 毫升灭菌蒸馏水或生理盐水溶解稀释，每只狐一次肌内注射 20 微克（0.2 毫升 TRH 稀释液），一般经 4～5 小时或第二天可收到一定效果。

4. 适时断乳分窝 仔狐的断乳一般在 50～60 日龄进行，如泌乳不足也可在 40 日龄进行，具体断乳时间主要依据仔狐的发育情况和母狐的哺乳能力而定。过早断乳，因仔狐独立生活能力较弱，影响仔狐的生长发育，易造成疾病甚至死亡；过晚断乳，由于仔狐哺乳，使母狐体质消耗过度而不易得到恢复，影响翌年的生产。因此，必须做好适时断乳、分窝工作。断乳方法可分为一次性断乳和分批断乳 2 种。如果仔狐发育良好，均衡，可一次性将母狐与仔狐分开，这就是一次性断乳。如果仔狐发育不均衡，母乳泌乳量又少，可从仔狐中选出体质好、体型大，采食能力强的仔狐先分出去，体质较差的弱仔留给母狐继续喂养一段时间，待仔狐发育较强壮时，再行断乳，这就是分批断乳。

5. 保持环境安静 在母狐产仔泌乳期间，特别是产后 20 天内，母狐对外界环境变化反应敏感，稍有动静都会引起母狐烦躁不安，从而造成母狐叼仔，甚至吃掉仔狐，所以给产仔母狐创造一个安静舒适的环境，是十分必要的。一定要保持饲养环境的安静，谢绝参观，晚上值班人员禁止用手电乱晃、乱照，以免环境嘈杂造成母狐惊恐不安、食仔或泌乳量下降等。母狐产后缺水或日粮中维生素和矿物质供给不足时，也可造成食仔现象。改善环境条件并补加维生素和矿物质后仍具有食仔恶癖的母狐，应及时将母狐与仔狐分开，并将母狐当年淘汰。

6. 重视卫生防疫 母狐产仔泌乳期正值春雨季节，多阴雨天，空气湿度大，且产仔母狐体质较弱，哺乳后期体重下降20%～30%，因此必须重视卫生防疫工作。狐的食具每天都要清洗，每周消毒2次；对笼舍内外的粪便要随时清理。

六、成年狐恢复期的饲养管理

公狐从配种结束，母狐从断乳分窝开始到性器官的再次发育这一段时期称为维持期，又称为恢复期；公银狐从3月下旬到8月末，母银狐从5月份到9月份，公蓝狐从4月下旬到9月初，母蓝狐从6月份到9月份。

（一）成年狐恢复期的饲养

进入维持期，前1个月的日粮应保持上一时期的饲养水平。因为公狐经过1个多月的配种，体力消耗很大，体重普遍下降；母狐由于产仔和泌乳，体力和营养消耗比公狐更为严重，变得极为消瘦。为了使其尽快恢复体况，不影响翌年的正常繁殖，配种结束后的公狐和断乳后母狐的日粮，分别应与配种期和产仔哺乳期的日粮相同，经15～20天后再改换维持期日粮。

生产中常遇到当年公狐配种能力很强，母狐繁殖力也高，但第二年的情况大不相同。表现为公狐配种晚，性欲差，交配次数少，精液品质不良；母狐发情晚，繁殖力普遍下降等。这与维持期饲养水平过低，未能及时恢复体况有直接关系。因此，公狐配种结束，母狐断乳后的前2～3周饲养极为重要。

据萨默塞德狐场的经验，在夏季为防止减重和正常脱毛，日粮中应含有30%新鲜蔬菜，30%肉类和40%的谷物（热量比），谷物中大约28%是稻谷。夏季时，每只狐饲喂53克磨碎的稻草粉等绿草能满足其维生素C的需要。夏季维生素A和维生素D的过量饲喂易产生干毛症和被毛无光泽、不正常脱毛以及秋季长

出新毛时明显的暗褐色现象。因此，在夏季种狐不需要大量的维生素 A 和维生素 D。

夏季狐不需要高蛋白，但初秋需要较多的蛋白质，而秋末则需要更多的蛋白质。萨默塞德狐场认为，夏季狐日粮中肉类饲料不超过 150 克也能满足其蛋白质的需要，在喂 530 克饲料时只需要 55.7 克蛋白质。

维持期银黑狐和芬兰北极狐的日粮组成分别见表 3–12 和表 3–13。

表 3–12　成年银黑狐的日粮组成（克）

饲　料	1～2 月份	3～5 月份	6～8 月份	9～12 月份
生　鱼	103	103	103	133～164
生肉（下杂）	114	122	61	80～102
乳　类	114	162	162	90
谷　物	57	70	57	57
蔬　菜	25	25	35	50
骨　粉	5	5	5	5
麦　芽	8	4	4	6
干酵母	7	9	5	5
食　盐	2	2	2	2
日总量	465	502	434	428～481

（引自朴厚坤等，2006）

表 3–13　芬兰北极狐日粮组成（%）

饲　料	饲养时期			
	12 月份至产仔	7～8 月份	9～10 月份	11～12 月份（皮兽）
鱼内脏	45	35	15	5
整　鱼	12	20	18	18

续表 3-13

饲　料	饲养时期			
	12 月份至产仔	7～8 月份	9～10 月份	11～12 月份（皮兽）
酸贮鱼	—	—	4	6
屠宰场下脚料	18	18	30	18
动物血	—	—	3	3
毛皮兽酮体	—	—	5	8
蛋白浓缩料	5	6	8	10
脂　肪	0～1	0～3	0～3	0～3
谷　物	8	10	13	18
维生素混合物（克 / 吨）	340	340	230	230
水	11～12	8～11	1～821	21～24

（引自邹兴淮，2000）

（二）成年种狐恢复期的管理

种狐恢复期经历时间较长，气温差别悬殊，管理上应根据不同时间的生理特点和气候特点，认真做好各项工作。

1. 加强卫生防疫　炎热的夏、秋季节，各种饲料应妥善保管，严防腐败变质。饲料加工时必须清洗干净，各种用具要洗刷干净，并定期消毒，笼舍、地面要随时清扫或洗刷，不能积存粪便。

2. 保证供水　此期天气炎热，要保证饮水供给，并定期给狐群饮用万分之一的高锰酸钾水。

3. 防暑降温　狐的耐热性较强，但在异常炎热的夏、秋季节要注意防暑降温。除加强饮水外，还要将笼舍遮蔽阳光，防止阳光直射发生日射病。

4. 淘汰母狐　应注意淘汰本年度中在产仔期繁殖性能表现不好的母狐，如产仔少、食仔、空怀、不护仔、遗传基因不好的

种母狐，下年度不能再留作种用。

七、幼狐育成期的饲养管理

断乳后到9月底是幼狐育成期。断乳后2～3周，在一个笼里可养2～3只幼狐，使其能很快习惯新的环境，并能正常采食；到2.5～3月龄时单笼饲养。幼狐断乳后头2个月是生长发育最快的时期，此期间饲养的正确与否，对体型大小和皮张幅度影响很大。

（一）幼狐育成期的饲养

断乳后前10天的幼狐日粮，仍按哺乳期的日粮标准供给。10天后应保证供给幼狐生长发育及毛绒生长所需要的足够营养物质（表3-14），供给新鲜的优质饲料。如喂给质量低劣、不全价的日粮，易引起胃肠疾病，影响仔狐的发育和健康。

育成初期幼狐日粮不易掌握，幼狐大小不均，其食欲和喂饲量也不相同，应分别对待。一般在饲喂后30～35分钟捡盆，此时如果剩食，可能给量过大或日粮质量差，要找出原因，随时调整饲料量和饲料组成。日粮要随日龄增长而增加，一般不要限制饲料，以喂饱又不剩食为原则。仔狐刚分窝时，其消化功能不健全，经常出现消化不良现象，所以在日粮中可适当增加酵母或乳酶生等助消化的药物。断乳后5～10天，接种犬瘟热、病毒性肠炎等传染病疫苗。

幼狐在4月龄时开始换乳齿，这时有许多幼狐采食不正常，为消除拒食现象，应检查幼狐口腔，对已活动尚未脱落的牙齿，用钳子夹出，使它很快恢复食欲。从9月初到取皮前，在日粮中适当增加脂肪和含硫氨基酸的饲料，以利冬毛的生长和体内脂肪的积累。

表 3–14　育成狐的饲养标准

月　龄	银黑狐			北极狐		
	代谢能 / 千焦	可消化蛋白质 / 克		代谢能 / 千焦	可消化蛋白质 / 克	
		种用	皮用		种用	皮用
1.5～2	1.59～1.96	22.7～25.1	22.7～25.1	1.76～1.84	21.5～26.3	21.5～26.3
2～3	1.88～2.05	20.3～22.7	20.3～22.7	2.38～2.43	20.3～22.67	20.3～22.7
3～4	2.47～2.72	17.9～20.3	17.9～20.3	3.01～3.18	17.9～20.3	17.9～20.3
4～5	2.64～2.84	17.9～20.3	17.9～20.3	2.89～3.05	17.9～20.3	17.9～20.3
5～6	2.76～2.93	21.5～23.9	17.9～20.3	2.72～2.89	21.5～23.9	17.9～20.3
6～7	2.38～2.64	21.5～23.9	17.9～20.3	2.47～2.68	21.5～23.9	17.9～20.3
7～8	2.13～2.22	21.5～23.9	17.9～20.3	2.26～2.34	22.7～15.1	17.9～20.3

（引自白秀娟，2007）

（二）幼狐育成期的管理

1. 适时断乳分窝　断乳前根据狐群数量，准备好笼舍、食具、用具、设备，同时进行消毒清洗。适时断乳分窝有利于仔狐的生长发育和母狐体质的恢复。

2. 适时接种疫苗　仔狐分窝后 5～10 天，应对犬瘟热、病毒性肠炎、狐传染性脑炎等主要传染病实施疫苗预防接种，防止各种疾病和传染病的发生。

3. 断乳初期的管理　刚断乳的仔狐，由于不适应新的环境，常发生嘶叫，并表现出行动不安、怕人等。一般应将同性别、体质、体长相近的同窝仔狐 2～4 只放在同一笼内饲养，1～2 周后再逐渐分开。

4. 定期称重　仔狐体重变化是它们生长发育和健康与否的指标，为了及时掌握生长发育的情况，每月应至少进行 1 次称重，以了解和衡量育成期饲养管理的好坏。在分析体重资料时，还应考虑仔狐出生时的个体差异和性别差异。作为仔狐发育情况的评定指数，还应有毛绒发育状况、齿的更换及体型等。

5. 做好选种和留种工作 挑选一部分育成狐留种，原则上要挑选出生早、繁殖力高、毛色符合标准的后裔作预备种狐。挑选出来的预备种狐要单独组群，专人管理。

6. 加强日常管理 天气炎热时，注意预防中暑，除加强供水外，还要将笼舍遮盖阳光，防止直射光。兽场内严禁开灯。各种饲料应妥善保管，严防腐败变质，各种用具洗刷干净，定期消毒，小室内的粪便要随时清除。秋季小室里垫少量 6～10 厘米长的草，有利于保暖，尤其在阴雨连绵的天气，小室里的潮湿易弄脏幼狐身体，受凉也常引起幼狐得病，造成死亡。

八、冬毛生长期的饲养管理

进入 9 月份，当年的幼狐身体开始由主要生长骨骼和内脏转为主要生长肌肉和沉积脂肪。随着秋分以后光照周期的变化，包括种兽和皮兽开始慢慢脱掉夏毛，长出浓密的冬毛，这一时间被称为狐冬毛期。

（一）冬毛期的饲养

冬毛期狐的蛋白水平较育成期略有降低，但此时狐新陈代谢水平仍较高，为满足肌肉等生长，蛋白质水平仍呈正平衡状态，继续沉积。同时，冬毛期正是狐毛皮快速生长时期。因此，此期日粮蛋白中一定要保证充足的构成毛绒的含硫必需氨基酸的供应，如蛋氨酸、胱氨酸和半胱氨酸等，但其他非必需氨基酸也不能短缺。冬毛期狐对脂肪的需求量也相对较高，冬毛期狐日粮中各种维生素以及矿物质元素也是不可缺少的。总之，冬毛期狐日粮应保证各种营养元素的全价性。

冬毛生长期，如果饲喂饲料公司生产的全价饲料，一般狐日饲喂干料量建议为每天 250～350 克，兑水后的湿料相当于 800～1 000 克（具体饲料数量与个体大小有关），日粮中蛋白质含量建议为 28%，脂肪为 10%；一般日喂 2 次，早晨喂日粮的 40%，晚上喂日粮的 60%，具体的饲喂量以狐的实际个体大小确定，每次食盆中应稍有剩余为宜。

冬毛生长期，如果喂自配料，蓝狐的饲料配方是：每只每日建议饲喂量为 800 克，其中鱼及下杂 160 克、肉及畜禽下杂 160 克、谷物 200 克、蔬菜 80 克、水 200 克、酵母 5 克、骨粉 5 克、食盐 2 克、维生素 B 15 毫克、维生素 A 500 国际单位（注：谷物饲料为 90% 玉米面和 10% 麸皮加 1 倍水熟制；如果没有麸皮，用玉米面和豆粉，其比例为 7∶3）。

冬毛期的饲养与其他时期相比应适当增加谷物饲料，减少矿物质饲料，否则易造成针毛弯曲，降低毛皮质量。由于各地饲料种类差异很大，要尽可能新鲜、多样，多种饲料配合饲喂，可使蛋白质互补，有利营养物质吸收利用。

对埋植褪黑激素诱导皮张早熟措施的狐，淘汰兽应在 6 月份、育成兽应在 7 月份埋植褪黑激素后即应给予冬毛生长后期的饲料，才能有提早毛皮成熟的效果。

狐冬毛期天气虽日益变凉，饮水量相对减少，但一定要保证充足、洁净的饮水，缺水对毛皮兽的影响比缺饲料还要严重，根据所喂饲料的稠稀程度添加饮水，每日 2～3 次。冬天可以用洁净的碎冰块或雪代替水放在水盒中。

（二）冬毛期的管理管理要点

1. 严把饲料关　狐冬毛期在掌握饲料营养全面的同时，管理工作也是不容忽视的。冬毛期在保证饲料营养的基础上，质量一定要把好关，防止病从口入。此期禁止饲喂腐败变质的饲料，除海杂鱼外，其他鱼类及畜、禽内脏，特别是禽类肉及其副产品，都应煮熟后饲喂。食盆、场地和笼舍要注意定期消毒。

2. 疾病防治　冬毛期，成年狐已经具备了一定的免疫能力，除腹泻和感冒外，患其他疾病的概率比较低。若有腹泻还照常吃食，则可能是投食过量、食未熬熟或饲料变质，查找原因做相应调整后，加喂庆大霉素，一般 2 天后症状即可消失；腹泻不吃食，则采取肌内注射黄连素加病毒唑和安痛定，每天 1 次，3 天

后病症可痊愈。感冒则表现为突然剩食或不吃食，鼻头干燥，应即刻注射青霉素、安痛定、地塞米松，每天 2 次，直到病兽恢复正常。

第五节 狐皮的加工技术

一、狐皮的初加工过程

狐皮一般在冬季取皮，但取皮的具体时间则取决于冬毛是否成熟，一般在 11 月下旬到 12 月下旬，已成熟的狐狸皮绒毛丰厚、针毛直立，被毛有光泽、尾毛蓬松，此时即可取皮。

狐狸的处死方法目前常用电击法。狐的取皮和加工过程基本同水貂。

二、狐皮质量等级标准

（一）加工要求

各品种类型狐的皮张，要求皮型完整，头、耳、须、尾、腿齐全，毛朝外，圆筒皮按标准撑板上楦干燥。毛色要狐符合本品种类型要求。彩色狐皮等级标准、尺码规格参见银黑狐皮和北极狐皮相应规格。

（二）等级规格

1. 北极狐皮

一等皮：毛色灰蓝光润，毛绒细软稠密，毛峰齐全，皮张完整，板质优良，无伤残，皮张面积在 2 111 厘米 ^{2} 以上。

二等皮：符合一级皮质，有刀伤破洞 2 处，长度不超过 10 厘米，面积不超过 4.44 厘米 ^{2}，皮张面积在 1 889 厘米 ^{2} 以上。

三等皮：毛皮灰褐色，绒短毛稀，有刀伤破洞 3 处，长度不超过 15 厘米，面积不超过 6.67 厘米 ^{2}，皮张面积在 1 500 厘米 ^{2} 以上。

等级比差：一级 100%；二级 80%；三级 60%；等外 40% 以下以质论价。

2. 银黑狐皮

一等皮：毛色深黑，银针毛颈部至臀部分布均匀，色泽光润，底绒丰足，毛峰整齐，皮张完整，板质良好，毛板不带任何伤残，皮张面积 2 111.11 厘米 ^{2} 以上。

二等皮：毛色较黯黑或略褐，针毛分布均匀，带有光泽，绒较短，毛根略稀，或有轻微塌脖或臀部毛根有擦落。皮张完整，刀伤或破洞不得超过 2 处，总长度不得超过 10 厘米，面积不超过 4.44 厘米 ^{2}。

三等皮：毛色暗褐欠光泽，银针分布不甚均匀，绒短略薄，毛根粗短，中脊部略带粗针，板质薄弱，皮张完整，刀伤或破洞不超过 3 处，总长度不得超过 15 厘米，面积不超过 6.67 厘米 ^{2}。

3. 尺码长度和号码比差　北极狐皮的尺码长度和号码比差见表 3–15。银黑狐皮的尺码长度和尺码比差同北极狐皮。

表 3–15　北极狐皮的尺码长度和号码比差

项　目	长度与号码					
尺码长度（厘米）	0～79	0～88	0～97	0～106	0～115	0～124
	↑	↑	↑	↑	↑	↑
	3 号	2 号	1 号	0 号	00 号	000 号
尺码比差（%）	80	90	100	110	120	130

第四章
貉

第一节　养貉场建设

一、棚　舍

貉的棚舍的建筑样式与使用材料同水貂棚舍相近。貉棚舍一般檐高1.5～2米，宽2～4米。宽2米时，可做成一面坡式的；宽在4米以上时，可做成“人”字架式的。长度可视饲养头数及地形、地势条件而定。两棚间距3～4米，以利于光照。

貂、貉和狐的棚舍可以相互调换使用，只是当改变饲养品种时，仅将笼和小室变换一下即可。

二、笼舍和小室

（一）貉　笼

一般采用钢筋或角钢制成骨架，然后固定铁丝网片。笼底一般用12号铁丝编织成，网眼不大于3厘米×3厘米；四周用14号铁丝编织，网眼不大于2.5厘米×2.5厘米。貉笼分种貉笼和皮貉笼两种。种貉笼稍大些，一般为长×宽×高＝（90～120）厘米×70厘米×（70～80）厘米；皮貉笼稍小些，一般为长×宽×高＝70厘米×60厘米×50厘米。笼舍行距在1～1.5米，间距在5～10厘米。

（二）小 室

可用木材、竹子或砖制成。种貉小室一般为长×深×高＝（60～80）厘米×（50～60）厘米×（45～50）厘米；皮貉最好也备有小室，一般为长×深×高＝40厘米×40厘米×35厘米。在种貉的小室与网笼相通的出入口处，必须设有插门，以备产仔检查或捕捉时隔离用。出入口直径为20～23厘米。小室出入口下方要设高出小室底5厘米的挡板，以便于小室保温、垫草，并能防止仔貉爬出。

我国一些地区的养貉户采用铁丝网笼加砖砌小室，笼的两侧面也用砖砌成，也很适用。砖砌小室安静，貉不易受到惊扰，保暖性能好，还有利于夏季防暑。但缺点是这种笼舍太小，极大地限制了貉群的个体间接触和交流，会造成貉与貉之间生疏和恐惧，对其不利。另外，运动量和光照都感到不足，对貉的繁殖和生长发育会有一定影响。

貉除了笼养外，还可以圈养。但由于圈养卫生条件控制不佳，易出现毛绒缠结，对生产不利，故不常用。

第二节 貉的毛色及色型

貉的毛色因种类不同而表现不同，同一亚种的毛色其变异范围很大，即使同一饲养场，饲养管理水平相同的条件下，毛色也不相同。

一、乌苏里貉色型

颈背部针毛尖，呈黑色，主体部分呈黄白色或略带橘黄色，底绒呈灰色。两耳后侧及背中央掺杂较多的黑色针毛尖，由头顶伸延到尾尖，有的形成明显的黑色纵带。体侧毛色较浅，两颊横生淡色长毛，眼睛周围呈黑色，长毛突出于头的两侧，构成明显的“八”字形黑纹。

二、其他色型

（一）黑十字型

从颈背开始，沿脊背呈现一条明显的黑色毛带，一直延伸到尾部，前肢、两肩也呈现明显的黑色毛带，与脊背黑带相交，构成鲜明的黑“十”字。这种毛皮颇受欢迎。

（二）黑八字型

体躯上部覆盖的黑毛尖，呈现“八”字型。

（三）黑 色 型

除下腹部毛呈灰色外，其余全呈黑色，这种色型极少。

（四）白 色 型

全身呈白色毛，或稍有微红色，这种貉是貉的白化型，或称毛色突变型。

三、笼养条件下乌苏里貉的毛色变异

家养乌苏里貉的毛色变异非常明显，大体可归纳如下几种类型。

（一）黑毛尖、灰底绒

这种类型的特点是黑色毛尖的针毛覆盖面大，整个背部及两侧呈现灰黑色或黑色，底绒呈现灰色、深灰色、浅灰色或红灰色。其毛皮价值较高，在国际裘皮市场备受欢迎。

（二）红毛尖、白底绒

这种类型的特点是针毛多呈现红毛尖，覆盖面大，外表多呈现红褐色，重者类似草狐皮或浅色赤狐皮，吹开或拨开针毛，可见到白色、黄白色或黄褐色底绒。

（三）白 毛 尖

这种类型的主要特点是白色毛尖十分明显，覆盖分布面很大，与黑毛尖和黄毛尖相混杂，其整体趋向白色，底绒呈现灰色、浅灰色或白色。

第三节 貉的繁殖

一、生殖生理特点

笼养貉性成熟时间与野生貉相同，一般为 8～10 月龄，公貉比母貉稍提前，并且有一定的个体差异。貉是季节性一次发情动物。貉的发情季节很短，从 1 月末到 3 月底 4 月初。母貉发情周期大体可分为 4 个阶段，即发情前期、发情期、发情后期和休情期。貉的妊娠期为 54～65 天，平均 60 天。野生貉与笼养貉无明显差别。貉一般每胎产仔 8 只左右，最多可达 19 只。

二、配种技术

笼养貉配种期，一般为 2 月初至 4 月下旬，个别的在 1 月下旬开始。

（一）发情鉴定

常用方法有外部观察法、放对试情法及阴道分泌物涂片镜检法，具体操作同水貂、狐狸的发情鉴定。

（二）放对时间

貉的配种一般在白天进行。特别是早、晚气候凉爽的时间，公貉的精力较充沛，性欲旺盛，母貉发情行为表现明显，容易促成交配。具体时间为早晨 6:00～8:00 或上午 8:30～10:00，下午 4:30～5:30。

（三）放对方法

貉一般采取人工放对、观察配种的方法，放对时一般将母貉放入公貉笼内。配种方式一般采用连日复配的方式。即初配 1 次以后，还要连配几天，直至母貉拒绝交配为止，这样可提高产仔率。

（四）提高貉繁殖率的措施

第一，准确掌握母貉的发情时间，适时配种。貉每年仅发情

1次，发情持续期又较短暂，所以必须准确掌握发情时机，适时进行交配。这是提高貉的繁殖率的关键。

第二，选留良种貉、控制貉群年龄结构，保证稳产高产。实践证明，2～4岁母貉繁殖力最高。因此，在种貉群中，要以经产适龄的壮年貉为主，每年补充的幼貉不宜超过50%。

第三，适宜复配。保证复配次数，可降低空怀，提高产仔数。貉的卵泡成熟是不同期，增加复配次数，使每次排卵的受精机会增多，对提高繁殖率有明显作用。

第四，保证种貉的繁殖体况。配种前公貉体重6.0～7.0千克，母貉体重5.5～6.0千克为宜。

第五，加强驯化。驯化程度直接影响貉的繁殖力，尤其对野生貉，更应做好长期驯化工作。

第六，加强日常饲养管理。

三、育种技术

貉育种的目的在于如何运用动物遗传学的基本原理和有关生物科学技术，改良所饲养的貉的遗传性，培育出在体型、毛皮品质和色泽上，适应人们需求的新品种或新类型。

貉皮属大毛细皮类，其特性是张幅较大、毛长、绒厚、耐磨、保温、色型单一、背腹毛差异大等。貉的育种，均需从某一个或某几个性状上来进行选择和改良。育种首先要分清主次，针对市场的要求，选择几个重要的经济性状；同时，要明确每一性状的选育方向，并且在一定时期内坚持不变，这样才能加速改良的进展，提高育种效果。

在貉的育种上主要应注意对如下性状的选择和改良。

（一）被毛长度

在所饲养的毛皮兽中，貉的被毛可以说是最长的，其背部针毛可达11厘米；绒毛可达8厘米。毛长会使毛皮的被毛不挺立、不灵活、易粘连。因此，貉被毛长度这一性状，应向短毛的方向

选育。

（二）被毛密度

被毛的密度与毛皮的保温性和美观程度密切相关。被毛过稀，则毛皮的保温性差，毛绒不挺欠美观。貉被毛密度与水貂和狐相似，因此，在育种上不是迫切考虑的性状，但亦应巩固其遗传。

（三）被毛颜色和色型

貉的野生型毛色个体间差异较大，由青灰渐变至棕黄。按目前人们对貉皮毛色的要求，颜色越深（接近青灰）越好。因此，毛色应朝这个方向选育。20 世纪 80 年代在野生貉中发现的一种毛色为白色的突变型，已培育成为一个新色型，既吉林白貉。近年来在山东又发现一种毛色为红褐色的突变型，目前正在培育研究中。对于野生型貉中未来可能出现的其他毛色突变的个体，应注意保护、收集和培育，以丰富貉的色型，满足人们的需求。

（四）背、腹毛差异

貉尤其是产于东北地区的貉背腹毛差异（长度、密度、颜色）较大，从而影响到毛皮的有效利用。迄今的研究表明，貉背、腹毛的差异与其体矮，四肢短有关。因此，可通过间接地选择体高这一性状，来缩小背、腹毛的差异。

（五）体型（体重）

体型大则皮张大，这一性状无疑应向体型大的方向培育。

第四节　貉的饲养管理

一、貉生物学时期的划分

貉在长期进化过程中，其生命活动呈明显的季节性变化，如春季繁殖交配，夏、秋季哺育幼仔，入冬前蓄积营养并长出丰厚的冬毛等。在貉的饲养过程中，人们也将其一年的饲养管理进行划分。依据貉在一年内不同的生理特点而划分的饲养期，称为貉的生物学时期（表 4–1）。

表 4–1　貉生物学时期的划分

类　别	月　份											
	12	1	2	3	4	5	6	7	8	9	10	11
成年公貉	准备配种后期			配种期	恢复期					准备配种前期		
成年母貉	准备配种后期			配种期	妊娠、泌乳期			恢复期		准备配种前期		
幼　貉					哺乳期			育成期		冬毛生长期		

二、准备配种期的饲养管理

（一）准备配种期的饲养

准备配种期一般为 8 月中旬至翌年 1 月。此期饲养管理的中心任务是为貉提供各种需要的营养物质，特别是生殖器官生长发育所需要的营养物质，以促进性器官的发育；同时，注意调整种貉的体况，为顺利完成配种任务打好基础。一般根据光周期变化及生殖器官的相应发育情况，把此期划分为前后两个时期进行饲养。

准备配种前期一般为 8 月中旬至 11 月。应满足其对各种营养物质的需要，并继续补充繁殖所消耗的营养物质；供给冬毛生长所需要的营养物质，储备越冬的营养物质等，以维持自身新陈代谢以及满足当年幼貉的生长发育。为貉提供日粮应以吃饱为原则，过少不能满足需要，过多会造成浪费。此期动物性饲料的比例应不低于 15%，可适当提高饲料的脂肪含量，以利提高肥度。到 11 月末时，种貉的体况应得到恢复，母貉应达到 5.5 千克以上，公貉应达 6 千克以上。10 月份日喂 2 次，11 月份可日喂 1 次，供足饮水。

准备配种后期一般为 12 月份至翌年 1 月份。此期冬毛的生长发育已经完成，当年幼貉已生长发育为成貉。因此，饲养的主

要任务是平衡营养，调整体况，促进生殖器官的发育和生殖细胞的成熟。

进入准备配种后期，应及时根据种貉的体况对日粮进行调整，适当增加全价动物性饲料、饲料种类，以增强互补作用。同时，要对貉补充一定数量的维生素，喂给适量的酵母、麦芽、维生素 A、维生素 E 等可对种貉生殖器官的发育和功能发挥起到良好的促进作用。此外，从 1 月份开始每隔 2～3 天可少量补喂一些刺激发情的饲料，如大蒜、葱等。

貉的日粮从 12 月份开始，日喂 1 次；1 月份起日喂 2 次，全天按早饲 40%、晚饲 60% 的比例饲喂。

貉准备配种期的饲养标准和准备配种后期的日粮组成分别见表 1–11 和表 4–2。

表 4–2 貉准备配种后期的日粮组成

饲料种类	重量比例（%）	日粮重量（克 / 只 · 天）		
		日总量	早饲（40%）	晚饲（60%）
鱼 类	20	80	32	48
猪 肉	15	60	24	36
肝 脏	5	20	8	12
窝窝头	45	180	72	108
大白菜	5	20	8	12
水	10	40	16	24
食 盐	—	2	0.8	1.2
维生素 A	—	2 000 国际单位	—	2 000 国际单位
维生素 D	—	300 国际单位	—	300 国际单位
维生素 E	—	5 毫克	—	5 毫克
维生素 B_1	—	10 毫克	—	10 毫克
维生素 C	—	30 毫克	—	30 毫克

（二）准备配种期的管理

1. 防寒保暖 准备配种后期气候寒冷，为减少貉抵御外界寒冷而消耗营养物质，必须注意小室的保温工作，保证小室内有干燥、柔软的垫草，并用油毡纸、塑料薄膜等堵住小室的空隙，经常检查清理小室，勤换垫草。

2. 保证采食量和充足饮水 准备配种后期，天气寒冷，饲料在室外很快结冰，影响貉的采食。因此，在投喂饲料时应适当提高温度，使貉可以吃到温暖的食物。此外，貉的需水量也应得到满足，每天至少供应2～3次。

3. 搞好卫生 有的貉习惯在小室中排粪便和往小室中叼饲料，使小室底面和垫草被弄得潮湿污秽，容易引起疾病并造成貉毛绒缠绕。因此，应经常打扫笼舍和小室卫生，使小室干燥、清洁。

4. 加强驯化工作 准备配种期要加强驯化，特别是多逗引貉在笼中运动。这样做既可以增强貉的体质，又有利于消除貉的惊恐感，提高繁殖力。

5. 注意貉体况的调整 种貉体况与其发情、配种、产仔等密切相关，身体过肥或过瘦均不利于繁殖。因此，在准备配种期必须经常注视种貉体况的营养平衡工作，使种貉具有标准体况。在生产实际工作中，鉴别种貉体况的方法主要是以眼观、手摸为主，并结合称重资料进行。其体况分为肥胖、适中、较瘦。

肥胖体况被毛平顺光滑，脊背平宽，体粗腹大，行动迟缓，不爱活动；用手触摸不到脊椎骨和肋骨，甚至脊背中间有沟，全身脂肪非常发达。公貉如果肥胖，一般性欲较低；母貉如果脂肪过多，其卵巢也被过多的脂肪包埋，影响卵子正常发育。对于检查发现过肥的种貉，要适当增加其运动量或少给饲料，减少小室垫草；如果全群肥胖，可改变日粮组成，减少日粮中脂肪的含量，降低日粮总量。

适中体况被毛平顺光亮，体躯均匀，行动灵活，肌肉丰满，

腹部圆平；用手摸脊背和肋骨时，既不挡手，又可触摸到脊椎骨和肋骨。一般要求公貉体况保持在中上水平，体重为6.5～9.0千克；母貉体况应保持中等水平。

较瘦体况全身被毛粗糙，蓬乱而无光泽，肌肉不丰满缺乏弹性；用手摸脊背和肋骨时，感到突出挡手。对于较瘦体况的种貉，要适当增加营养，以求在进入配种期时达到最佳体况。

6. 做好配种前的准备工作　应周密做好配种前的一切准备工作。维修好笼舍并用喷灯消毒1次，编制配种计划和方案，准备好配种用具，并开展技术培训工作。

上述工作就绪后，应将饲料和管理工作正式转入配种期的饲养和管理日程上。在配种前，种公、母貉的生殖器官要用0.1%高锰酸钾水洗1次，以防交配时带菌而引起子宫内膜炎。准备配种后期，应留意经产母貉的发情鉴定工作，因经产母貉发情期有逐年提前的趋势。要做好记录，做到心中有数，以使发情的母貉能及时交配。

三、配种期的饲养管理

貉的配种期较长，一般为2～3个月。此期饲养管理的中心任务是使所有种母貉都能适时受配，同时确保配种质量，使受配母貉尽可能全部受胎。为达此目的，除适时配种外，还必须搞好饲养管理的各项工作。

公貉在配种期内有时1天要交配1～2次，在整个配种期内完成3～4只母貉6～10次的配种任务，营养消耗量很大，加之在整个配种期中由于性兴奋使食欲下降、体重减轻。因此，配种期内应对种貉特别是种公貉加强营养，悉心管理，才能使其有旺盛持久的配种能力。

（一）配种期的饲养

此期饲养的中心任务是使公貉有旺盛持久的配种能力和良好的精液品质，使母貉能正常发情，适时完成交配。此期由于公、母貉性欲冲动，精神兴奋，表现不安，运动量加大，加之食欲下降，因此应供给优质全价、适口性好、易于消化的饲料，并适当提高日粮中动物性饲料的比例，如蛋、脑、鲜肉、肝、乳，同时加喂维生素 A、维生素 D、维生素 E 和 B 族维生素及矿物质。日粮能量标准为 1 650～2 090 千焦，每 418 千焦代谢能中可消化蛋白质不低于 10 克，日粮量 500～600 克。每日每头维生素 E 15 毫克。由于种公貉配种期性欲高度兴奋活跃，体力消耗较大，采食不正常，每天中午要补饲 1 次营养丰富的饲料，或给 0.5～1 个鸡蛋。配种期貉的日粮标准见表 1–11。

配种期投给饲料的体积过大，某种程度上会降低公貉活跃性而影响交配能力。配种期每天可实行 1～2 次喂食制，喂食前后 30 分钟不能放对。如在早饲前放对，公貉的补充饲料应在午前喂；早饲后放对，应在饲喂后 0.5 小时进行。

（二）配种期的管理

1. 防止跑貉　配种期由于公、母貉性欲冲动，精神不安，故应随时注意检查笼舍牢固性，严防跑貉。在对母貉发情鉴定和放对操作时，方法要正确，注意力要集中，以免造成人、貉受伤。

2. 做好发情鉴定和配种记录　在配种期首先要进行母貉的发情鉴定，以便掌握放对的最佳时机。发情检查一般 2～3 天 1 次，对接近发情期者，要天天检查或放对。对首次参加配种的公貉要进行精液品质检查，以确保配种质量。

配种期间要做好配种记录，记录公、母貉编号，每次放对日期，交配时间，交配次数及交配情况等。

3. 加强饮水　配种期公、母貉运动量增大，加之气温逐渐由寒变暖，貉的饮水量日益增加。每天要经常保持水盆里有足够的饮水，或每天至少供水 4 次以上。

4. 区别发情和发病貉　貉在配种期因性欲冲动，食欲下降，公貉在放对初期，母貉临近发情时期，有的连续几日不吃，要注意同发生疾病或有外伤貉的区别，以便对病、伤貉及时治疗。

要经常观察群貉的食欲、粪便、精神、活动等情况，做到心中有数。

5. 保证配种环境　貉胆小易惊，种貉在配种期间，要保证饲养场安静。放对后要注意公、母貉的行为，防止咬伤，若发现其互相有敌意，要及时把它们分开。另外，要搞好食具、笼舍和地面卫生工作，特别是温度较高地区，更应重视卫生防疫工作。

四、妊娠期的饲养管理

从受精卵形成到胎儿娩出这段时间为貉的妊娠期。貉妊娠期平均2个月，全群可持续3～5个月。此期是决定生产成败、效益高低的关键时期，饲养管理的中心任务是保证胎儿的正常生长发育，做好保胎工作。

（一）妊娠期的饲养

貉在妊娠期的营养水平是全年最高的。因为，此期的母貉不仅要维持自身的新陈代谢，还要为体内胎儿的正常生长发育提供充足的营养，同时还要为产后泌乳积蓄营养。如果饲养不当，会造成胚胎被吸收、死胎、烂胎、流产等妊娠中断现象而影响生产。妊娠期饲养得好坏，不仅关系到胎产仔数的多少，而且还关系到仔貉生后的健康状况。

在日粮安配合上，要做到营养全价，品质新鲜，适口性强，易于消化。腐败变质或可疑的饲料绝对不能喂。饲料品种应尽可能多样化，以达到营养均衡的目的。

喂量要适当，可随妊娠天数的增加而递增。妊娠头10天，总热量不能过高，要根据妊娠的进程逐步提高营养水平，既要满足母貉的营养需要，又要防止过肥。

给妊娠母貉的饲料可适当调稀些。在饲喂总量不过分增多的情况下，后期最好日喂3次。饲喂量最好根据妊娠母貉的体况及妊娠时间等区别对待，不要平均分食。

妊娠期母貉的饲养标准和日粮配方分别见表1–11和表4–3。

表 4–3　妊娠期母貉的日粮配方

饲料种类	重量比例（%）	日粮重量（克 / 只 · 天）				
		日总量	蛋白质	早饲（40%）	晚饲（60%）	合计
海杂鱼	20	200	20.2	3.2	4.8	8.0
马内脏	10	100	15.0	1.6	2.4	4.0
痘猪肉	5	50	13.5	0.8	1.2	2.0
鲜碎骨	2	20	3.4	0.32	0.48	0.8
熟玉米面	18	180	14.4	2.9	4.3	7.2
熟黄豆面	7	70	8.1	1.1	1.7	2.8
大白菜	10	100	1.4	1.6	2.4	4.0
水	25	250	—	4.0	6.0	10.0
酵　母	3	10	3.8	0.16	0.24	0.4
麦　芽	—	15	—	0.24	0.36	0.6
松针粉	—	5	—	0.08	0.12	0.2
维生素 A	—	1 000 国际单位	—	—	—	—
维生素 B_1	—	3 毫克	—	—	—	—
合　计	—	1 000	79.6	16.0	24.0	40.0

（二）妊娠期的管理

此期内管理的重点是给妊娠母貉创造一个舒适安静的环境，以保证胎儿正常发育。

1. 保持安静　妊娠期内应禁止外人参观，饲喂时动作要轻捷，不要在场内大声喧哗，目的是避免妊娠母貉过于惊恐。饲养人员可在母貉妊娠前、中期多接近母貉，以使母貉逐步适应环境的干扰，至妊娠后期则应逐渐减少进入貉场的次数，保持环境安静，这样有利于产仔保活。

2. 保证充足饮水　母貉妊娠期需水量增大，每天饮水不能少于 3 次，同时要保证饮水的清洁卫生。

3. 搞好环境卫生　母貉妊娠期正是万物复苏的季节，也是致病菌大量繁殖、疫病开始流行的时期。因此，要搞好笼舍卫生，每天洗刷食具，每周消毒 1～2 次。同时，要保持小室里经常有清洁、干燥和充足的垫草，以防寒流侵袭引起感冒。饲养人员每天都要注意观察貉群动态，发现有病不食者，要及时请兽医治疗，使其尽早恢复食欲，免得影响胎儿发育。

4. 做好产前准备　预产期前 5～10 天要做好产箱的清理、消毒及垫草保温工作。产箱可用 2% 热碱水洗刷，也可用喷灯灭菌；最好垫以不容易碎的乌拉草、稻草等。要注意垫草不能过厚，一般 6～7 厘米。对已到预产期的貉更要注意观察，看其有无临产征兆，乳房周围的毛是否拔好，有无难产的表现等，如有应采取相应措施。

5. 加强防逃　母貉妊娠期内，饲养员要注意笼舍的维修，防止跑貉，一旦跑貉，不能猛追，以防流产。

6. 注意妊娠反应　个别母貉会有妊娠反应，表现吃食少或拒食，可以每天补饮 5%～10% 葡萄糖溶液，数日后就会恢复正常。

五、哺乳期的饲养管理

哺乳期一般在 4～6 月，全群可持续 2～3 个月。此期饲养管理的中心任务是确保仔貉成活及正常的生长发育，以达到丰产丰收的目的，这是取得良好生产效益的关键环节。

（一）哺乳期的饲养

此期日粮总热量与妊娠期相同，日粮重量为 1000～1200 克 / 只 · 天。日粮组成见表 4–4。为了催乳，可在日粮中补充适当数量的乳类饲料，如牛奶、羊奶及奶粉等。如无乳类饲料，可用豆汁代替。亦可多补充些蛋类饲料。饲料加工要细，浓度可小些，不要控制饲料量，应视同窝仔貉的多少、日龄的大小区别分食，让其自由采食，以不剩食为准。

表 4–4　貉哺乳期日粮组成

饲料种类	重量比例（%）	日粮重量（克 / 只 · 天）		
		日总量	早饲（40%）	晚饲（60%）
鱼　类	20	120	48	72
肉　类	10	60	24	36
肝　脏	5	30	12	18
奶　品	5	30	12	18
窝窝头	40	240	96	144
蔬　菜	10	60	24	36
水	10	60	24	36
维生素 A		2 000 国际单位		2 000 国际单位
维生素 D		300 国际单位		300 国际单位
维生素 E		5 毫克		5 毫克
维生素 C		30 毫克		30 毫克
维生素 B_1		10 毫克		10 毫克

（二）哺乳期的管理

1. 保证母貉的充足饮水　哺乳期必须供给貉充足、清洁的饮水。同时由于天气渐热，渴感增强，饮水有防暑降温的作用。

2. 做好产后检查　母貉产后应立即检查，最多不超过 12 小时。主要目的是看仔貉是否吃上母乳。吃上母乳的仔貉嘴巴黑，肚腹增大，集中群卧，安静，不嘶叫；反之，未吃上母乳者，仔貉分散在产箱内，肚腹小，不安地嘶叫。还应观察有无脐带缠身或脐带未咬断，有无胎衣未剥离，产仔数，有无死胎等。

3. 精心护理仔貉　小室内要有充足、干燥的垫草，以利于保暖。对乳汁不足的母貉，一是加强营养，二是以药物催乳，可喂给 4～5 片催乳片，连续喂 3～4 次，经喂催乳片后，乳汁仍不足时，需将仔貉部分或全部取出，寻找保姆貉。

不同日龄仔貉的饲养管理工作重点不同。20～28天便开始吃人工补充饲料，此时仔貉可自行走出小室外觅食。当仔貉开始吃食后，母貉即不再舔食仔貉粪便，仔貉的粪便排在小室里，污染了小室和貉体。所以，要注意小室卫生，及时清除仔貉粪便及被污染的垫草，并添加适量干垫草。

采食后的仔貉要供给新鲜、易消化的饲料，最好是在饲料中添加有助于消化的药物，如乳酶生、胃蛋白酶等，以防止仔貉消化不良。饲料要稀一些，便于仔貉舔食，以后随着日龄的增长可以稠些。不同日龄仔貉的补饲量见表4–5。

表4–5　不同日龄仔貉的补饲量

仔貉日龄	20	30	40	50
补饲量（克/天·只）	20～60	80～120	120～180	200～270

30日龄以上的仔貉很活跃，此期应将笼舍的缝隙堵严，以防仔貉串到其他相邻的笼舍内，而被母貉咬伤、咬死。

哺乳后期，由于仔貉吮乳量加大，母貉泌乳量日渐下降，仔貉因争夺乳汁，很容易咬伤母貉乳头，因而导致母貉乳腺疾病的发生。发生乳腺炎的母貉一般表现不安，在笼舍内跑动，常避离仔貉吃奶，不予护理仔貉；而仔貉则不停发出饥饿的叫声；捉出母貉检查，可见乳头红肿，有伤痕或有肿块，严重的可化脓溃疡。发现这种情况，应将母、仔分开。如已超过40日龄，可分窝饲养。有乳腺炎的母貉应及时给予治疗，并在年末淘汰取皮。

4. 适时断乳分离　仔貉断乳一般在40～50日龄进行，但是在母貉泌乳量不足时，可在40日龄内断乳。具体断乳时间主要依据仔貉的发育情况和母貉的哺乳能力而定。过早断乳会影响仔貉的发育，过晚断乳会消耗母貉体质，影响下一年生产。

5. 保持环境安静 在母貉哺乳期内，尤其是产后 25 天内，一定要保持饲养环境内的安静，以免造成母貉惊恐不安、吃仔或泌乳量下降。

六、成年貉恢复期饲养管理

（一）成年貉恢复期的饲养

恢复期对于公貉是指从配种结束（3 月份）至生殖器官再度开始发育（9 月份）之间的时期；对于母貉则是指仔貉断乳分窝（7 月初）至 9 月份这段时间。此期公、母貉经过繁殖期的营养消耗，身体较消瘦，食欲较差，采食量少，体重处于全年最低水平。因此，恢复期饲养管理的中心任务是给公母貉补充营养，增加肥度，恢复体况，并为越冬及冬毛生长储备足够的营养，为下一年的繁殖打好基础。

为促进种貉体况的恢复，在公貉配种后 20 天内，母貉断乳后 20 天内，应分别继续给予配种期和产仔泌乳期的日粮，以后再逐步喂给恢复期的日粮。

恢复期的日粮中动物性饲料比例应不低于 15%，谷物性饲料尽可能多样化，能加入 20%～25% 的豆面更好，以改善配合日粮的适口性，使公、母貉尽可能多采食一些饲料。8～9 月份日粮供给量应适当增加，使其多蓄积脂肪，以利于越冬。成年貉恢复期的饲养标准和日粮饲料单分别见表 1–11 和表 4–6。

表 4–6 成年貉恢复期日粮 （克）

性别	杂鱼	畜禽内脏	玉米面	白菜	胡萝卜	牛乳或豆浆	骨粉	食盐	酵母	每只每日量
公貉	—	60	110	100	25	150	15	2.5	5.0	467.5
母貉	50	50	120	130	—	195	13	2.0	8.5	568.5

（二）成年貉恢复期的管理

种貉恢复期经历的时间较长，气温差别悬殊，应根据不同时间生理特点和气候特点，认真做好以下各项管理工作。

1. 加强卫生防疫 炎热的夏秋季节，各种饲料要妥善保管，严防腐败变质。饲料加工时必须清洗干净，各种用具要经常洗刷干净，并定期消毒，地面笼舍要随时清扫和洗刷，不能积存粪尿。

2. 保证供给饮水 天气炎热要保证供给饮水，并定期饮用万分之一的高锰酸钾溶液。

3. 防暑降温 貉的耐热性较强，但在异常炎热的夏季时也要注意防暑降温。除加强供水外，还要将笼舍遮蔽阳光，防止阳光直射发生日射病。

4. 防寒保暖 在寒冷的地区，进入冬季后，就应及时给予足够的垫草，以防寒保暖。

七、幼貉育成期的饲养管理

幼貉育成期是指仔貉断乳后，进入独立生活的体成熟阶段，一般为 6 月下旬至 10 月底或 11 月初。此期是幼貉继续生长发育的关键时期，也是逐渐形成冬毛的阶段。最终幼貉体型的大小、毛皮质量的好坏，关键在于育成期的饲养管理。要做好育成期的饲养管理工作，首先要掌握幼貉的生长发育特点，然后根据其生长发育规律，适时提供幼貉生长发育必需的营养物质和环境条件才能促进其正常生长发育。

（一）仔幼貉的生长发育特点

仔貉出生时体长 8～12 厘米，体重 120 克左右，身被黑色稀短的胎毛。仔、幼貉生长发育十分迅速，至 50 日龄断乳分窝时，体重可增加十几倍，体长可增加 3 倍左右；至 5～6 月龄长至成年貉大小。仔、幼貉在不同日龄时的体重和体长增长速度分别见表 4–7 和表 4–8。

表 4-7　不同日龄仔、幼貉的体重（克）

性别	日龄									
	1（初生重）	15	30	45	60（断乳重）	90	120	150	180	210
公	120.1	295.3	541.9	917.8	1370.6	2724.1	4058.3	4769.2	5445.0	5538.5
母	117.2	294.5	538.6	888.6	1382.5	2783.1	4184.9	4957.6	5654.3	5545.5

表 4-8　不同日龄仔、幼貉的体长（厘米）

性　别	日　龄						
	10	20	30	40	50	60	70
公	18.2	23.1	27.21	32.34	35.95	40.50	44.38
母	18.63	22.73	26.78	31.98	35.83	40.52	43.17

仔、幼龄貉生长发育有一定的规律性，体重和体长的增长在90～120日龄之前最快，120～150日龄后生长强度降低，150～180日龄生长基本停止，已达体成熟。

（二）幼貉育成期的饲养

幼貉断乳后头2个月是决定其体型大小的关键时期，如在此期内营养不良，极易造成生长发育受阻，即使以后加强营养也很难弥补。因此，此期应供给优质、全价、能量含量较高的日粮，同时还要特别注意补给钙、磷等矿物质饲料及维生素，以促进幼貉骨骼和肌肉的迅速生长发育。幼龄貉生长发育旺期，日粮中蛋白质的供给应保持在每日每只50～55克，以后随生长发育速度的减慢，逐渐降低，但不能低于每日每只30～40克。蛋白质不足或营养不全价，将会严重影响幼貉的生长发育。幼貉育成期饲养标准和饲料单分别见表4-9和表4-10。

表 4–9 幼貉育成期饲养标准

日粮标准		重量比（%）				添加饲料（克/只·天）					
热量（千焦）	日粮量、（克/天·只）	鱼肉类	鱼肉副产品	熟谷物	蔬菜	酵母	奶品	食盐	骨粉	维生素 A（国际单位）	维生素 E（毫克）
2 090～3 344	不限，随日龄递增	25～10	15～10	50～60	15	5～8	50	2～2.5	10～15	800	3

表 4–10 幼貉育成期日粮（克）

杂鱼	畜禽内脏	玉米面	蔬菜	牛乳或豆浆	骨粉	食盐	酵母	维生素 A（国际单位）	松针粉	每只每日量
50	30	130	100	130	20	1.8	5	500	2.0	468.8

幼貉育成期每日喂 2～3 次，日喂 3 次时，早、午、晚分别占全天日粮量的 30%、20% 和 50%，让貉自由采食，能吃多少给多少，以不剩食为准。

（三）育成期的管理

1. 断乳初期的管理 刚断乳的幼貉，由于不适应新的环境，常发出嘶叫，表现出行动不安、怕人等。一般应先将同性别，体质体长相近的幼 2～4 只放在同一个笼内饲养 1～2 周后，再进行单笼饲养。

2. 定期称重 幼貉体重的变化是其生长发育快慢的指标之一。为了及时掌握幼貉的发育情况，每月至少进行 1 次称重，目的是了解和衡量育成期饲养管理的好坏。此外，作为幼貉发育的评定指标，还应考虑毛绒发育情况和牙齿的更换情况及体型等。

3. 做好选种工作 挑选一部分幼貉留种，原则上要挑选产期早、繁殖力高、毛色符合标准的幼貉作种。挑选出来的种貉要单独组群饲养管理。

4. 加强日常管理 幼貉育成期正处于炎热夏季，气温较高，管理上要持别注意防暑和防病。除保证供给饮水外，还可采取地面洒水降温，对太阳直射的笼舍要遮阳。饲料要保证卫生，腐败变质的饲料绝不能饲喂，水盒、食具要及时清洗，小室内粪便及残食要随时清除，以防止肠炎和其他疾病的发生。7 月份要接种病毒性肠炎和犬瘟热及其他疫病的疫苗。

八、皮用貉冬毛生长期的饲养管理

皮用貉除选种后剩下的当年幼龄貉外，还包括一部分被淘汰的成年貉，在毛皮成熟期都要屠宰取皮。为了获得优质的毛皮，饲养上主要是保证正常生命活动及毛绒生长成熟的营养需要。皮用貉的饲养标准（表 4–11）可稍低于种用貉，以降低饲养成本。但日粮中要保证供给充足的蛋白质，特别是要供给含硫氨基酸多的蛋白质饲料，如羽毛粉等，以保证冬毛的正常生长。如果蛋白质不足，就会使冬毛生长缓慢底绒发空，严重降低毛皮质量。日粮种矿物质含量不能过高，否则可使毛绒脆弱无弹性。日粮中应适当提高脂肪的给量，不但有利于节省蛋白质饲料，而且貉体内蓄积一定数量的脂肪，对提高毛绒光泽度和增大皮张张幅都有促进作用。此外，应注意添加维生素 B_2，因为当维生素 B_2 缺乏时，绒毛颜色会变浅，影响毛皮质量。貉冬毛生长期的饲料配方见表 4–12。

表 4–11 皮用貉的饲养标准

日粮标准		重量比（%）				添加饲料（克 / 只 · 天）	
热量（千焦）	日粮量（克 / 天 · 只）	鱼肉类	鱼肉副产品	熟谷物	蔬　菜	酵　母	食　盐
2 090～2 508	550～450	5～10	10～15	60～70	15	5	2.5

表 4–12 貉冬毛生长期的饲料配方（%）

饲料种类	Ⅰ	Ⅱ	Ⅲ	饲料种类	Ⅰ	Ⅱ	Ⅲ
鱼 粉	3	1.8	0	玉 米	26	22	28
畜禽副产品	10	6.2	4	麦 麸	10	10	7
酵 母	2	2	2	草 粉	2	2	2
豆 粕	16	17	21	油	4	4	4
玉米加工副产品	27	35	32				

皮用貉在管理上主要任务是提高毛皮质量。皮用貉 10 月份就应在小室内铺垫草，以利于梳毛。此外，要加强笼舍卫生管理，分食时要注意不要使饲料沾污毛绒，以防毛绒缠结。

第五节 貉皮的加工技术

一、貉皮的初加工过程

貉皮是否成熟，可根据被毛的生长情况及皮肤的颜色来鉴别。毛皮成熟的标志是：峰毛高齐、毛绒紧密、光泽柔润、尾毛蓬松，周身毛绒灵活而有光泽，吹开底绒可见皮肤表面呈淡粉红色。

貉皮的取皮时间一般在 11 月下旬至 12 月下旬，但受饲养管理、纬度等因素的影响，取皮的时间也不尽相同。

貉的处死、剥皮及生皮的初加工过程同狐。

二、貉皮质量等级标准

（一）加工要求

加工貉皮要求按季节屠宰，剥皮适当，皮型完整，头、腿、尾齐全，去除油脂，以统一规定的楦板上楦，板朝里，毛朝外，圆筒形晾干。

（二）等级规格

野生貉皮见表 4–13，家养貉皮见表 4–14。

表 4–13　野生貉皮质量等级标准

等　级	品质要求	面积规定（厘米 ^{2}）		等级比差（%）
		北貉皮	南貉皮	
一　级	正季节皮，毛绒齐全，色泽光润，板质良好，可带破洞 2 处，总面积不超过 11 厘米 ^{2}	1 776	1 443	100
二　级	正季节皮，毛绒略空疏或略短薄，可带一级皮伤残或具有一级皮毛质、板质，可带破洞 3 处，总面积不超过 17 厘米 ^{2}	1 443	1 221	80
三　级	毛绒空疏或短薄，可带一级皮伤残或具有一、二级皮毛质、板质，破洞总面积不超过 56 厘米 ^{2}	1 221	999	60
次　级	符合一、二、三级品质要求的皮			40 以下

表 4–14　人工饲养貉皮质量等级标准

等　级	品质要求	等级比差（%）
一　级	正季节皮，皮型完整，毛绒丰厚，针毛齐全，板质良好，无伤残	100
二　级	正季节皮，皮型完整，毛绒略空疏，针毛齐全，绒毛清晰，板质良好，无伤残，或具有一级皮质量，带有下列伤残之一者：①下腭和腹部毛绒空疏，两肋或后臀部略显擦伤、擦针；②自咬伤、瘢痕和破洞，面积不超过 13 厘米 ^{2}；③破口长度不超过 7.6 厘米；④轻微流针飞绒；⑤撑拉过大	80
三　级	皮型完整，毛绒空疏或短薄，具有一、二级皮质量，带有下列伤残之一者：①刀伤、破洞总面积不超过 26 厘米 ^{2}；②破口长度不超过 15 厘米；③两肋或臀部毛绒擦伤较重；④腹部无毛或较重塌脖	60
次　级	符合一、二、三级品质要求的皮（如焦板皮、受闷脱毛、开片皮等）	40 以下

（三）尺码规定

貉皮长为从鼻尖至尾根的长度，其具体长度见表 4–15。

表 4–15　貉皮尺码标准　（厘米）

尺码号	000	00	0	1	2	3	4
长　度	＞115	106～115	97～106	88～97	79～87	70 ～ 79	＜ 70

第五章

毛皮动物常见病防治

第一节　病毒性传染病

一、犬 瘟 热

【流行特点】犬瘟热是由副黏病毒科、麻疹病毒属、犬瘟热病毒引起的急性、热性、传染性极强的高度接触性传染病；以貉、银黑狐和水貂最易感；北极狐感受性差。所有年龄的肉食毛皮动物均易感，但以 2.5～5 月龄幼兽感染性最大。哺乳期的仔兽不患本病；病犬和病兽以及带毒兽是主要传染来源，病犬是最危险的疫源，可通过眼、鼻分泌物，唾液、尿、粪便排出病毒，污染饲料、水源和用具等经消化道传染，也可通过飞沫、空气，经呼吸传染，还可以通过黏膜、阴道分泌物传染；主要通过如食盆、食盒、水槽（盒）的串换、配种期种兽的调换、公母兽频繁的接触传染，在毛皮动物饲养场经常栖居的禽类、家鼠及野鼠，可能同样传播传染。

犬瘟热流行没有明显的季节，一年四季都可发生。病势在早春进展得比较慢，可能在一个饲养班组内发生，病程也很少有急性经过的。随着毒力的增强，传播得比较快，特别是仔兽分窝断乳以后病势发展比较快，很快波及其他狐狸及席卷整个饲养场，而且症状明显，病程也短，多呈急性经过，死亡率高达 50%～

80%。带毒兽其带毒期为5～6个月。

【临床症状】潜伏期9～30天，有的长达3个月。其主要临床特征是以侵害黏膜系统（眼结膜炎、鼻炎为主，2次发热（双峰热），常伴有肺炎，肠炎腹泻，皮屑（有特殊的腥臭味），趾垫肿胀，偶有神经症状，具有较高的发病死亡率。急性型的病程2～3天死亡，慢性经过的达20～30天继发感染而死。

【诊断与鉴别诊断】根据病史，流行病学资料和典型的犬瘟热症状，可以做出初步诊断。但确诊，必须进行实验室检查，目前临床上常用犬瘟热单克隆抗体试剂盒检测病毒，方法特异、敏感，可快速定性。犬瘟热与如下疾病相类似，应做鉴别诊断。

1. 狂犬病　狂犬病有神经症状，攻击人、畜；喉头、咀嚼肌麻痹；在大脑海马角中能检出尼氏小体；但没有皮疹、结膜炎和腹泻。

2. 传染性肝炎（狐脑炎）犬瘟热病有皮疹和卡他性鼻炎，特殊的腥臭味，但没有剧烈的腹痛。传染性肝炎解剖时，肝脏和胆囊壁增厚，浆膜下有出血点，腹腔中有多量黄色或微红色浆液和纤维蛋白凝块。

3. 细小病毒肠炎　病毒性肠炎主要表现为下痢，缺乏犬瘟热固有的结膜炎、鼻炎、皮炎和神经性发作等临床症状。

4. 脑脊髓炎　神经症状相同，都有癫痫性发作；但脑脊髓炎是散发，没有流行情况，没有特殊腥臭味。此外，脑脊髓炎在各地区饲养场个别窝的幼兽中间经常出现单个病例。

5. 副伤寒　副伤寒具有明显的季节性（6～8月份），而犬瘟热一年四季均可发生；副伤寒病死亡动物的脾显著肿大（5～10倍），而犬瘟热则不肿大或仅轻度肿大。

6. 巴氏杆菌病　巴氏杆菌病一般突然大批发生，有典型的出血性败血症表现，涂片检查多能检出两极浓染的小杆菌；而犬瘟热没有。巴氏杆菌病用青霉素或拜有利（德国进口）制剂大剂量预防性治疗有效，犬瘟热用抗生素类治疗无效。

7. 弓形虫病 弓形虫病没有皮疹和特殊的腥臭味，膀胱黏膜刮取物没有包涵体，病原体是弓形虫。

8. B 族维生素缺乏 B 族维生素缺乏时病兽嗜睡，不愿活动，有时出现肌肉不自主地痉挛、抽搐；但没有眼、口、鼻的变化，没有怪味，不发热；用 B 族维生素治疗有效，食欲很快好转，恢复正常。

【防治措施】 犬瘟热无特异性疗法，用抗生素治疗无效，只能控制继发感染，延缓病程，唯一的办法是早期发现，及时隔离病兽，固定饲养用具、定期消毒，尽快紧急接种犬瘟热疫苗。做好预防性接种犬瘟热疫苗是控制本病发生的根本措施，一般应在仔兽 45～50 日龄接种；种兽在配种前 1 个月接种。

二、细小病毒性肠炎

【流行特点】 细小病毒性肠炎是由水貂肠炎细小病毒或猫泛白细胞减少症病毒感染引起的一种急性、热性、高度接触性传染病。水貂最易感，不同品种、年龄、性别的水貂都可感染，而以幼貂，特别是刚断乳的仔貂最易感，发病率和死亡率都较成年水貂高。犬科多种动物，如貉、犬、狐狸、狼等均可感染发病。主要传染来源是患病水貂、患乏白血球症的猫和耐过病毒性肠炎的水貂。在发热和具有明显临床症状的传染期，不断向体外排毒，并通过污染的饲料、饮水、食具传给健康兽；也可经交配、嘶咬等直接传播，还可经苍蝇、鼠类、乌鸦等媒介传播。本病没有明显的季节性，但以 7～9 月份多发；多呈地方性、周期性流行。病毒对外界有较强的抵抗力，在患病动物污染的笼子表面，病毒可存活 1 年，寒冷季节，带病毒的粪便等在土壤中冷冻 1 年以上仍不减毒力且具有感染性。本病具有较高的发病率和死亡率，特别是幼龄水貂的发病率和死亡率更高，从而造成巨大损失，是世界公认的危害水貂饲养业较大的病毒性传染病之一。

【临床症状】 潜伏期5～14天，多在4～5天。病程人工感染最急性型为24小时以内死亡，急性型感染多在7～14天死亡，亚急性型多在14～18天死亡。以剧烈腹泻（粪便呈五颜六色，严重时带有黏膜圆柱或称黏液管）、呕吐、出血性肠炎、心肌炎严重脱水和血液中白细胞急剧减少为特征，发病急、传播快、流行广，有很高的发病率。死亡率在80%～100%。

【诊　断】 根据流行病学资料、临床特征性症状、白细胞数明显下降和包涵体检查及单克隆抗体快速诊断试剂盒检测粪便病毒等，可以做出初步诊断。但要做出确切的诊断，排除其他细菌性和病毒性肠炎，必须进行实验室检查。

【防治措施】 目前，尚无特效治疗方法，只能在发病的早期防止继发性细菌感染，降低死亡率。治疗时首先在饲料中添加抗病毒药物如紫锥或黄芪，其次杀菌、消炎、补液、纠酸；大群用硫酸新霉素、硫酸黏杆菌素等拌料，同时可以用口服补液盐、活性炭、碳酸氢钠（小苏打）等，个别可以注射头孢类药物对症治疗，狐群停药后在饲料中添加益生素降低肠道应激反应。预防狐狸细小病毒性肠炎最好的办法就是接种疫苗，一般应在仔兽2周龄左右时接种水貂病毒性肠炎灭活疫苗，或与犬瘟热疫苗同时免疫；种兽在配种前30～60天接种免疫。发病后，对发病群中健康兽做紧急免疫，2倍剂量注射水貂病毒性肠炎疫苗。

三、水貂阿留申病

【流行特点】 水貂阿留申病，又称浆细胞增多症，是水貂特有的一种慢性进行性传染病。病貂及潜伏期带毒貂是本病的主要传染源，尤其是表面健康的带毒貂危害最大，常被当作健康种貂引入另一貂场，成为易被忽视的更危险的传染源。病毒主要通过病貂的唾液、粪便、尿及分泌物等排泄到外界环境中。病除病貂与健康水貂直接接触传播（如阳性公貂可通过配种传染给母貂，常引起母貂空怀）外，主要是通过传递物或传递者间接传播，如

病貂污染过的饲料、饮水、食具等；饲养人员、兽医工作者及蚊子是传播本病的重要媒介；外科手术器械、注射用和接种用针头等消毒不严格，亦可成为本病的传播媒介；接种疫苗、外科手术和注射等，也能造成本病的传播。本病突出的特点是妊娠母貂可经过胎盘将阿留申病毒垂直传给胎儿，研究调查发现阳性母貂可致 45%～60% 仔貂感染本病。

本病具有明显的季节性，虽然常年都能发病，但在秋冬季节的发病率和死亡率大大增加，是养貂业的重大疫病之一，可导致重大损失，据报道，阿留申病造成的损失占水貂场总损失的 5%～50%。该病损失主要由以下几方面引起：①较高的死亡率；②很高的发病率；③水貂繁殖力明显下降，阳性母貂空怀率高，新生仔貂生命力低下，成活率低；④阳性貂发育不良，皮张质次价低；⑤阳性貂抵抗力弱，易继发其他疾病，使病情加重，增加死亡率。

【临床症状】 潜伏期很长，直接接触感染时，平均 60～90 天，最长达 7～9 个月，有的持续 1 年或更长的时间，仍不出现临床症状。本病的特征性症状是食欲减退、消瘦、口渴、嗜睡、末期昏迷，这些表现都是慢性进行性、弥散性肾小球肾炎的反应。大部分病貂由于病情不断发展，至 4～12 个月后，出现肾衰竭而死。临床上大体可分为隐性型、急性型和慢性型，大多数病例呈隐性感染或慢性经过，少数表现急性经过。

【诊　断】 初步的诊断可依靠流行病学、临床症状及病理变化。确诊需进行实验室检查。

【防治措施】 迄今为止，对阿留申病还没有特异性的预防和治疗方法。因此，为控制和消灭本病，必须采取综合的防治措施。

1. 加强饲养管理，提高机体抗病能力 在日常饲养中应保证给予优质、全价和新鲜的饲料，以提高水貂的机体抵抗力，争取将发病率控制在最低水平。

2. 坚持兽医卫生制度　是防止本病蔓延和扩散的有效方法。对貂场内的用具（包括兽医器械）、食具、笼子和地面要定期进行消毒。最有效的消毒方法是用喷灯火焰或蒸汽处理预先清扫过的笼子表面。用5%福尔马林溶液消毒金属结构，用2%碱溶液或漂白粉液处理貂场地面。病貂场禁止水貂输入和输出。

3. 建立定期检疫隔离和淘汰制度　是现阶段扑灭本病的主要措施。每年在仔兽分窝以后，初选预备兽之前，利用对流免疫电泳法逐只采血检疫，阳性貂集中管理，到取皮期杀掉，不能做种用。这样，就能防止阿留串病扩散，减少阳性貂的发生。

4. 临时性解救办法　注射青霉素、维生素B_{12}、多核苷酸及给予肝制剂等，改善病貂自身状况。

5. 异色型杂交　采用异色型杂交，在某种程度上可以减少本病的发病率。多年来，国内许多水貂场采取此措施，都收到了较好的效果。

四、狐传染性肝炎

【流行特点】狐传染性肝炎，又称狐传染性脑炎，是由犬腺病毒科、哺乳动物腺病毒属、犬病毒I型引起的犬、狐等犬科动物的一种急性败血性传染病。狐，特别是出生后3～6个月的幼狐最易感，幼狐感染率达40%～50%，2～3岁的成年动物感染率为2%～3%，年龄较大的狐很少发病。病狐狸经分泌物、排泄物排出病毒；特别是康复狐狸自尿中排毒长达6～9个月之久，是最危险的疫源。本病主要经消化道传播，患病狐狸或康复狐狸的分泌物和排泄物污染了饲料、水源、周围环境，经呼吸道、消化道及损伤的皮肤和黏膜而侵入机体；亦可经胎盘垂直传播；此外，寄生虫也是本病传播的媒介。本病无明显季节性，但在夏、秋季节幼狐多，饲养密集，易于本病的传播。本病能引起高度死亡率（病的流行初期死亡率高，中、后期死亡率逐渐下降）和母狐大批空怀和流产，给养狐业带来重大的经济损失。幼狐狸发病

率达 40%～50%，2～3 岁的成年狐狸发病率为 2%～3%，年龄较大的狐狸很少发病。

【临床症状】 潜伏期 10～20 天。症状多种多样，但以眼球震颤、高度兴奋、肌肉痉挛、感觉过敏、共济失调、呕吐、腹泻及便血为特征。本病具有发病急、传染快，死亡率高等特点。根据机体的抵抗力和病原体的毒力，可将本病分为急性、亚急性和慢性 3 种。

【诊断与鉴别诊断】 根据流行特点，临床症状和病理变化，可做出初步诊断。确诊还需要进行包涵体检查、病毒的分离培养、血清学试验等实验室检查。北极狐和银黑狐传染性脑炎与脑脊髓炎、犬瘟热、钩端螺旋体病有相似之处，必须加以鉴别，以免误诊。

1. 脑脊髓炎 传染性脑炎广为传播，而脑脊髓炎常为散发，局限于兽场内一定地区。传染性脑炎不论是成年和幼龄毛皮动物均能发生，而脑脊髓炎常侵害 8～10 个月龄的幼兽。另外，银黑狐易感脑脊髓炎，北极狐少患；而北极狐常罹患传染性肝炎，银黑狐少患。

2. 犬瘟热 犬瘟热病传播迅速，幼兽发病率高；而传染性脑炎流行较缓慢，几乎无年龄的差异。犬瘟热病兽表现出典型的浆液性化脓性黏膜变化和结膜变化，消化功能紊乱、腹泻，眼有泪、有脓性眼眵，皮肤脱屑有特殊的腥臭味，二次发热。而传染性脑炎则无此症状。

3. 钩端螺旋体病 钩端螺旋体病死亡动物显著黄疸及肝脏变化与传染性肝炎很相类似。但钩端螺旋体病主要症状为短期发热、黄疸、血红蛋白尿、出血性素质、水肿、妊娠母兽流产等，而传染性脑炎则无以上症状。

【防治措施】 目前还没有特异性治疗办法。预防接种是行之有效的预防本病的根本办法。我国生产的传染性脑炎甲醛灭活吸附疫苗，一般在配种前 30～60 天、仔狐狸 55～60 日龄接种。

五、狂 犬 病

【流行特点】 狂犬病是由狂犬病病毒引起的、以中枢神经系统活动障碍为主要特征的急性传染病。病毒通过咬伤传递给毛皮动物。所有哺乳动物对狂犬病病毒都有易感性，患病和带毒动物是本病的传染源，其中犬是主要传染源。毛皮动物的患病主要是由窜入场内的带毒犬或其他带毒动物咬伤引起的。饲喂患病及带毒动物的肉类也是导致毛皮发生狂犬病的重要原因。狂犬病有很明显的季节性，以春夏较多（5～9月份，以5月份多发），没有年龄和性别差异。伤口部位越接近中枢或伤口越深，其发病率越高。狂犬病广泛分布于世界许多国家。

【临床症状】 潜伏期为5～30天，患病动物经过多为狂暴型，大体区分为前驱期、兴奋期和麻痹期三期，以呈现狂躁不安和意识紊乱，最终以呼吸麻痹而死亡。病程一般不超过3～6天。

【诊　断】 在临床上狂躁不安，高度兴奋，食欲反常，后肢麻痹，攻击人及动物。病理解剖检查，可发现胃内有异物。同时动物中有狂犬病流行，并发现疯犬和野生动物狂犬病例与毛皮动物接触，即可确诊。狂犬病麻痹期症状常与神经型犬瘟热和急性中毒相类似，应进行鉴别诊断。

【防治措施】 目前世界上尚无有效治疗方法。预防狂犬病的发生必须接种狂犬病疫苗，常用组织培养灭活苗，间隔3～6天2次注射，免疫期为6个月。当发现被狂犬咬伤后，应迅速接种，也可用高免血清治疗。平时的预防措施主要是贯彻“管、免、灭”的综合性防治措施。

六、伪狂犬病

【流行特点】 伪狂犬病又称阿氏病，是由伪狂犬病病毒引起的多种家畜及野生动物的一种急性传染病。银狐、蓝狐、水貂、

貉等均易感。病兽和患病动物副产品及鼠类是毛皮动物的主要传染来源。猪是本病的主要宿主，猪自然带毒6个月以上。本病可经消化道和呼吸道传染，还可经胎盘、乳汁、交配及擦伤的皮肤感染。狐、水貂、貉等多因吃了带毒猪、鼠的肉及下杂料而经消化道感染发病。发病没有明显的季节性，但以夏、秋季节多见，常呈地方性暴发流行。初期死亡率高。当从日粮中排除污染饲料后，病势很快停止。本病呈世界性分布，除猪外，对其他动物都具有高度的致死性，死亡率达56.1%。

【临床症状】 潜伏期，水貂3～6天，银黑狐、北极狐和貉6～12天。以侵害中枢神经系统，发热、皮肤奇痒和死后咬舌为特征，脾肿大7～8倍，狐、水貂、貉等肉食毛皮动物多因吃了屠宰厂的下脚料而发病，多在急性病程之后以死亡告终为特点。病程短者2～24小时，一般1～8小时死亡。

【诊断与鉴别诊断】 根据流行特点和临床特征性表现瘙痒、眼裂和瞳孔缩小及病理解剖与病理组织变化，可以做出初步诊断。为进一步确诊可进行生物学试验、荧光抗体技术和血清学试验。毛皮动物伪狂犬病与以下几种疾病等在临床症状上有相似之处，应进行鉴别诊断。

1. 狂犬病 伪狂犬病与狂犬病均有神经症状。伪狂犬病，有瘙痒，突然发作、病程短、迅速出现大批死亡，胃肠臌气，不攻击人，不恐水；狂犬病，无上述症状，散发，攻击人、畜。

2. 脑脊髓炎 银黑狐阿氏病与脑脊髓炎有某些类似之处。但狐脑脊髓炎病程较长，呈地方性暴发流行，无瘙痒症状。

3. 犬瘟热 毛皮动物神经型犬瘟热与阿氏病相似，但没有瘙痒和胃肠臌胀；此外，犬瘟热有特殊的腥臭味和黏膜的炎症。

4. 肉毒梭菌毒素中毒 水貂阿氏病与肉毒梭菌毒素中毒也有某些类似之处。但肉毒中毒是水貂吞食含有肉毒梭菌毒素的饲料之后迅速大群发病，主要表现后躯麻痹，瞳孔散大，闪闪发光。伪狂犬病则瞳孔缩小，有瘙痒、皮肤有擦伤或撕裂痕。

5. 阿氏病与巴氏杆菌病　阿氏病与巴氏杆菌病也有相似之处，但巴氏杆菌病无瘙痒和抓伤，幼兽多发，细菌学检查能查到巴氏杆菌。

【防治措施】 尚无特效疗法。发现本病，应立即停喂受伪狂犬病毒污染的肉类饲料，对病兽用抗生素控制继发感染。预防伪狂犬病的发生应采取综合防治措施。首先，要对肉类饲料加强管理，对来源不清楚的饲料不买、不用；特别是利用屠宰厂的下脚料一定要注意，应高温处理后再喂；凡认为可疑的肉类饲料都应做无害化处理；养殖场内严防猫、犬窜入，更不允许鸡、鸭、鹅、犬、猪与貂、狐和貉混养。伪狂犬病多发的地区，或以猪源肉类饲料为主的养殖场，可用伪狂犬病疫苗预防接种。

七、自 咬 病

【流行特点】 自咬病（症）是长尾食肉动物多见的一种慢性疾病，病兽自咬自己躯体，多在尾部、臀部及后肢，使皮张被破坏。紫貂和蓝狐多为急剧发作，自咬剧烈，常继发感染死亡。水貂多为慢性经过，很少发生死亡。除造成毛皮质量低劣外，还可导致母兽空怀和不护理仔兽（咬死或踏死）。北极狐最易发病，病情最剧烈，银黑狐的易感性次之。传染来源主要是患病母兽。本病感染途径及发病机理还没有研究清楚。本病没有明显的季节性，但配种期与产仔期易发作，幼狐狸 8～10 月份发作。本病发病率波动很大，同是一个养殖场有的年份发生得多，有的年份就少。

【临床症状】 潜伏期 20 天至几个月之间。一般为慢性经过，反复发作，急性者少见。北极狐患自咬病时，咬着尾巴或膝前不松嘴，在笼内翻身打滚，嘎嘎直叫，将尾巴撕裂呈马尾状，尾毛污秽，蝇蛆已产卵于毛丛和皮孔中（咬伤）繁衍成蛆导致自咬更加剧烈，因感染而致死。慢性自咬症状轻，很少死亡，只伤被毛，或将尾毛全部啃光。到了冬季症状有所缓解，翌年配种期复发。银黑狐发病率较低，自咬程度多数比较轻微。

【诊　断】 根据典型临床自咬症状就可以确诊。

【防治措施】 目前，尚无特异性疗法和特效防疫措施，最好的方法是病初用齿凿或齿剪断掉病兽的犬齿，同时适当应用药物进行治疗，使病兽维持到打皮期，使皮张不受损伤。药物治疗原则就是镇静、消炎和外伤处理，可收到一定的疗效，但不能根治，最终要淘汰病兽。

第二节　细菌性传染病

一、巴氏杆菌病

【流行特点】 巴氏杆菌病是由多杀性巴氏杆菌引起的一种传染病。水貂、狐和貉等毛皮动物均易感。各年龄的毛皮动物均可感染本病，但以幼龄最为易感。患病或带菌动物是主要的传染源；被巴氏杆菌污染的饮水亦能引起本病的流行；带菌的禽类进入养殖场常常是传染本病的重要原因；该菌存在于病狐全身各组织中，体液、分泌物及排泄物里；健康动物的上呼吸道也可能带菌。可通过消化道、呼吸道以及损伤的皮肤和黏膜而感染，如用患有巴氏杆菌病的家畜、家禽和兔肉及其副产品饲喂毛皮动物经消化道感染时，则本病突然发生，并很快波及大量貂、狐和貉；如经呼吸道或损伤的皮肤与黏膜感染时，则常呈散发流行。本病的发生一般无明显的季节性，以冷热交替、气候剧变、闷热、潮湿和多雨等环境剧烈变化时期发病较多；长期营养不良或患有其他疾病等都可促进本病的发生。水貂、银黑狐、北极狐和貉多为群发，常呈地方性流行，死亡率很高。

【临床症状】 潜伏期，水貂1～2天，狐一般为1～5天，长的可达10天。该病多呈急性经过，一般病程为12小时至2～3天，个别的5～6天死亡。临床上可以分为最急性、急性和

慢性3种类型。最急性型和急性型多以败血症和出血性炎症为特征，故又称出血性败血症，常呈地方性流行，一般病程为12小时至2～3天，个别的5～6天死亡；慢性型的病例常表现为皮下结缔组织、关节及各脏器的化脓性病灶。本病死亡率为30%～90%。

【诊断与鉴别诊断】 根据流行病学特点，结合临床症状和病理解剖变化，可以做出初步诊断，进一步确诊需做细菌学检查。貂、狐和貉巴氏杆菌病与如下疾病在某些方面相类似，要做好鉴别诊断。

1. 副伤寒 副伤寒主要发生于仔兽，常在皮下及骨骼肌上发生显著黄染。细菌学检查能分离出肠炎沙门氏菌。

2. 犬瘟热 为高度接触性传染病，有典型的浆液性、化脓性结膜炎，皮肤湿疹，脱屑，有特殊的腥臭味，侵害神经系统伴有麻痹和不全麻痹，水貂常发生脚掌肿胀。

3. 伪狂犬病 伪狂犬病有典型的瘙痒症状，病狐常将头部抓伤，啃咬笼网，呕吐和流涎；水貂眼裂收缩，用前脚掌摩擦头部皮肤。另外用病兽脏器悬液接种家兔，经5昼夜出现特征性抓伤而死亡。

4. 肉毒梭菌毒素中毒 肉毒梭菌毒素中毒常发生于饲喂后突发大批死亡，内脏器官缺乏出血性变化，特征是肌肉松弛，瞳孔散大。在饲料及死亡的毛皮动物内脏器官中能检查到肉毒梭菌毒素。

【防治措施】

1. 特异性预防 定期接种巴氏杆菌疫苗，1年要多次接种。

2. 平时预防 加强养殖场卫生防疫工作，改善饲养管理。一是要严格检查饲料，特别是喂兔肉加工厂的下脚料、犊牛、仔猪、羔羊和禽类加工厂的下脚料，发现或疑似巴氏杆菌污染的坚决除去。二是应建立健全兽医卫生制度，定期消毒，严防鸡、猪进场。三是当可疑巴氏杆菌病发生时，应及时对所有貂、狐和貉

进行抗巴氏杆菌病血清接种，预防量为治疗量一半。

3. 疫情处理 要彻底清除病源。一是要除去可疑肉类饲料，换以新鲜饲料，二是对病兽和可疑病兽应立即隔离治疗，三是对被污染的笼子和用具要严格消毒，四是对死亡尸体及病兽粪便应进行烧毁或深埋处理。

特效治疗是注射抗家畜巴氏杆菌病高度免疫的单价或多价血清，成年银黑狐皮下注射量20～30毫升，1～3月龄幼狐10～15毫升；成年水貂为10～15毫升，4月龄幼貂为5～10毫升。早期应用抗生素和磺胺类药具有很好的效果，对病兽和可疑病兽，要尽早用大剂量的青霉素20万～40万单位肌内注射，1日3次；或用拜有利注射液（肌内）每日1次，每千克体重注射0.05毫升；也可用环丙沙星注射液，每千克体重肌内注射2.5～5毫克，每日3次，连续用药3～5天，直至把病情控制住为止。此外，大群可以投给恩诺沙星、诺氟沙星、土霉素、复方新诺明、增效磺胺等，剂量和使用方法按药品说明书使用。

二、水貂绿脓杆菌病

【流行特点】 绿脓杆菌病又称假单胞菌病，是由绿脓杆菌引起的人、畜及水貂等毛皮动物的一种急性传染病。貂、貉、狐和毛丝鼠等毛皮动物对绿脓杆菌都很易感。被绿脓杆菌污染的肉类饲料是本病的主要传染来源，患病和带菌动物也是本病的重要传染来源。病原随粪便或尿液排出体外，污染饲料、饮水或垫草，经消化道或呼吸道感染。另外，绿脓杆菌是动物体内的常在菌之一，当宿主抵抗力降低时，也可使宿主发病。本病没有明显的季节性，病菌侵入后，任何季节都能引起暴发，但夏、秋季节（8～10月份）最易发生，幼貂发病率高达90%以上，老龄貂发病率低。

【临床症状】 潜伏期19～48小时，长者达4～5天。呈超急性或急性经过。死前看不到症状，或死前出现食欲废绝，体温

升高，鼻镜干燥，行动迟钝，流泪、流鼻液、呼吸困难。以肺出血、鼻、耳出血和脑膜炎为特征，常呈地方性流行，超急性型病程几小时，急性型病程1～2天，死亡率高。

【诊　断】根据流行特点，临床症状和病理变化可以做出初步诊断。但确诊需做细菌学诊断。

【防治措施】

1. 特异性预防　定期接种疫苗，可用齐鲁绿农敌—水貂出血性肺炎二价灭活苗，配种前1个月左右接种。

2. 平时预防　改善饲养管理，增加营养，不断提高机体抵抗力；特别是要注意兽场的饮水卫生和要经常灭鼠等也是预防本病重要措施之一。

3. 疫情处理　当发生绿脓杆菌病时，对病兽和可疑病兽要及时进行隔离，用抗生素和化学药物给以治疗，一直隔离到屠宰期为止。对病兽和可疑病兽污染的笼子、地面和用具要进行彻底的消毒。笼子用喷灯火焰消毒，特别注意笼子上的绒毛一定要烧净。用2%氢氧化钠溶液洗涤小室及消毒地面。避免各栋人员之间的接触。严防跑兽，如有跑兽应捕回送隔离室饲养到屠宰期。

从最后一例死亡时算起，再隔离2周不发生本病死亡，可取消兽场的检疫。最后实行终末消毒。

由于不同的绿脓杆菌菌株对不同的抗生素药物的敏感性不一致。在临床实践中单一的特效药是没有的，应用几种抗生素或与磺胺类并用效果较好。如对全场健康貂用庆大霉素，每千克体重7～10毫克，多黏菌素，2～5毫克拌料，每天饲喂2次，连用4～5天。对发病的轻症水貂可用庆大霉素，每千克体重2～5毫克；青霉素，15万～20万单位，肌内注射，每天2次，连用3～4天；或多黏菌素、新霉素、庆大霉素、卡那霉素等各1 000～1 500单位分3次肌内注射或混于饲料中分2次喂给，都能收到效果。

三、大肠杆菌病

【流行特点】 大肠杆菌病是由致病性大肠杆菌的某些血清型所引起的一类人兽共患传染病。对狐、貂、貉主要危害断乳前后的幼龄动物，成年银黑狐、北极狐、水貂对本病易感性轻微。患病和带菌动物是本病的主要传染来源。被污染的饲料和饮水也是本病的传染源。主要是食入发病动物粪便污染的饲料及饮水，通过消化道感染。此外，本病常自发感染，当饲养管理条件不良使动物机体抵抗力下降时，肠道内正常菌群发生紊乱，大肠杆菌很快繁殖，毒力不断增强，破坏肠道进入血液循环而诱发本病。造成仔兽抵抗力下降的因素比较多，如母兽妊娠期和哺乳期饲料不全价和饲料种类骤变，母兽的奶量不足，小室内不卫生，垫草潮湿或不足等都能导致本病的发生。

本病多发生于断乳前后的幼兽，多呈暴发流行，成年和老龄貂很少发病。病的流行有一定的季节性，北方多见于8～10月份，南方多见于6～9月份。水貂、狐和貉大肠杆菌病主要为急性或亚急性型，如不加治疗，死亡率在20～90%。

【临床症状】 潜伏期变动很大，水貂为1～3天，北极狐和银黑狐一般为2～10天。本病以重度腹泻和败血症及侵害呼吸系统和中枢神经系统为特点，成年狐狸患本病常引起流产和死胎。

【诊　断】 根据流行病学、临床症状和病理变化可做出初步诊断；确诊需进行细菌学检查。

【防治措施】

1. 特异性预防　健康狐场在母兽配种前15～20天内，发病兽场妊娠期20～30天内，注射家畜大肠杆菌病和副伤寒病多价甲醛灭活疫苗，间隔7天注射2次；健康仔兽可在30日龄起，接种上述疫苗2次；虚弱仔兽可接种3次；用量按疫苗出厂说明书的规定。

2. 平时预防　加强饲养卫生管理，不断地改善饲养环境，

除去不良饲料，使母兽和仔兽吃到新鲜、易消化、营养全价的饲料，产仔后要保持小室内的卫生与清洁，及时清理小室内的食物；在本病多发季节，应提前进行药物预防，可在母兽或开始采食的幼兽的饲料内拌入维吉尼亚霉素或土霉素等。

3. 疫情处理 除了实行一般狐医卫生措施（隔离、消毒）外，应特别注意实行集群治疗，不仅治疗发病仔兽，也要治疗与病兽同窝或被病兽污染临床健康的仔兽以及母兽。

药物治疗时，应选择对该菌敏感的药物，如恩诺沙星、环丙沙星、庆大霉素和黄连素等药物进行剂肌内注射治疗，连用 3～5 天。大肠杆菌的高敏药物为恩诺沙星、环丙沙星，每日 2 次，每千克体重 2.5～5 毫克。也可用拜有利注射液，每千克体重 0.05 毫升，肌内注射，每日 1 次。此外，按每千克体重给仔兽口服链霉素 0.1～0.2 克，或新霉素 0.025 克，或土霉素 0.025 克，或菌丝霉素 0.01 克，疗效显著。

四、沙门氏菌病

【流行特点】 沙门氏菌病又称副伤寒，是由沙门氏菌引起的各种野生动物、家畜、家禽和人的多种疾病的总称，是幼兽和禽类常发的急性传染病。毛皮动物中各年龄的银黑狐、北极狐均易感，以幼兽更易感。患病动物和带菌动物以及被沙门氏菌污染的饲料是本病的主要传染来源；患过沙门氏菌病的畜（禽）肉和副产品及乳、蛋也是主要的传染源。患病和带菌动物由粪便、尿、乳汁及流产的胎儿、胎衣和羊水排出病菌，污染饲料和饮水；狐、貂和貉食入被污染的饲料经消化道感染而发病。此外，啮齿动物、禽类和蝇等也能将病原菌携带入狐狸场引起感染。本病具有明显的季节性，一般发生在 6～8 月份，常呈地方性流行，病的经过为急性，主要侵害 1～2 月龄的仔兽，妊娠母兽群发生本病时，由于子宫感染，常发生大批流产，或产后 1～10 天仔兽发生大批死亡。本病的死亡率较高，一般可达 40%～65%。

【临床症状】 潜伏期3～20天，平均为14天；本病主要特征是发热和腹泻，体重迅速减轻，脾脏显著肿大和肝脏的病变。根据机体抵抗力及病原毒力和数量等不同可出现多种类型的临床症状，大致可区分为急性、亚急性和慢性3种。急性型病程一般短者5～10小时死亡，长者2～3天死亡；亚急性病程一般7～14天死亡；慢性型病程多为3～4周，有的可达数月之久。在配种期和妊娠期发生本病的母兽，出现大批空怀和流产，空怀率达14%～20%，在产前5～15天流产达10%～16%。

【诊断与鉴别诊断】 根据流行特点，临床症状及病理变化，可以做出初步诊断，确诊还得做细菌学检查。临床上本病常与如下疾病相混同，需要加以鉴别。

1. 钩端螺旋体病 钩端螺旋体病体温升高表现在病的初期，当黄疸出现后，体温下降至35～36℃；另外，4～6个月龄体况良好或中等的幼兽常发。

2. 犬瘟热 犬瘟热具有典型的浆液性、化脓性结膜炎，皮肤脱屑，有特殊的腥臭味，鼻端肿大，足掌肿大。

3. 脑脊髓炎 脑脊髓炎特征性症状是神经紊乱，癫痫性发作、嗜睡、步态不稳或做圆圈运动。

4. 巴氏杆菌病 巴氏杆菌病可同时发生于各种年龄的动物，很少发生黄疸，且不显著。细菌学检查，可检查到两极浓染的革兰氏阴性小杆菌。

【防治措施】

1. 平时预防 要加强妊娠期和母狐哺乳期饲养管理，特别是仔兽补饲期和断乳初期更应注意，保证供给新鲜、优质全价和易消化的饲料；在幼兽培育期，必须喂给质量好的鱼、肉饲料，畜禽的下脚料要无害化处理后再喂，腐败变质的饲料不要喂。要定期消毒食盆、食盒，要注意保持小室内的清洁卫生，及时清除粪便。饲料更换应逐渐进行，加工要严格细致。

2. 疫情处理 第一，禁喂具有传染性的肉、蛋、奶类等，

对病兽污染的笼子和用具要进行消毒，严格控制耐过副伤寒的带菌毛皮动物或病犬进入饲养场，注意灭鼠、灭蝇及其他传染媒介；在发病期，禁止任何调动，不得称重和打号；治愈的动物应一直隔离饲养到取皮为止。

第二，将患病或疑似患病的动物隔离观察和治疗，指派专人管理，禁止管理病兽的人员进入安全饲养群中。

第三，病死动物尸体要深埋或烧掉，以防人受感染。

第四，药物治疗。大群可选用复方新诺明（每千克饲料0.02～0.04克），多西环素（每千克体重15毫克）、硫酸新霉素（每千克体重10毫克）混于饲料中喂给，连用5～7天。个别严重的肌内注射氟苯尼考（每千克体重30毫克），恩诺沙星（每千克体重5毫克），头孢噻呋钠（每千克体重5～10毫克）。

五、魏氏梭菌病

【流行特点】 魏氏梭菌病又称肠毒血症，是由魏氏梭菌引起的家畜、禽类和毛皮动物的一种急性中毒性传染病。狐、貂和貉均易感，水貂仔兽对本病最易感，北极狐仔兽也易感，成年狐少发。被魏氏梭菌污染的鱼、肉类饲料是本病的主要传染来源。患病动物和带菌动物由粪便向体外排出病原体，也可不断感染其他毛皮动物。毛皮动物吞食本菌污染的肉类饲料或饮水经消化道感染。此外，饲养管理不当、饲料突然更换、气候骤变、蛋白质过量，粗纤维过低等，使胃肠正常菌群失调，可造成肠道内A型魏氏梭菌迅速繁殖，产生毒素，引起发病。

本病一年四季均可发生；流行初期，个别散发流行，出现死亡。病原菌随着粪便排出体外，毒力不断增强，传染不断扩散。1～2个月或更短的时间内，罹患大批动物。发病率10%～30%，病死率90%～100%。

【临床症状】 潜伏期12～24小时。其临床主要特征是急性下痢，排黑色黏性粪便，腹部膨大，胃肠严重出血和肾脏软，在

2～3天内死亡。超急性病例不见任何症状或仅排少量糊状黑粪即突然死亡。病理特征表现为胃黏膜有黑色溃疡和盲肠浆膜面有芝麻粒大小的出血斑。

【诊　断】根据流行病学特点、临床症状和病理剖检变化可做出初步诊断，最有诊断价值的剖检变化是胃黏膜上的弥漫性圆形的溃疡病灶和盲肠壁浆膜下的芝麻粒大小的出血斑点。确诊须做细菌学检查和毒素测定。

【防治措施】

1. 平时预防　严格控制饲料的污染和变质，质量不好的饲料不能喂毛皮动物。全年在饲料中拌入维吉尼亚霉素20～30毫克/千克，可有效防止本病的发生。

2. 疫情处理　应立即停止饲喂不洁的变质饲料。将病兽和可疑病兽及时隔离饲养，病兽污染的笼舍用1%～2%氢氧化钠溶液或火焰消毒，粪便和污物堆放指定地点进行发酵；地面用10%～20%新鲜漂白粉混悬液喷洒后，挖去表土，换上新土。

一般用抗生素、磺胺类和喹诺酮类药物肌内注射或预防性投药。如新霉素、土霉素、黄连素、诺氟沙星等药物，每千克体重按10毫克投于饲料中喂给，早晚各1次，连用4～5天。肌内注射庆大霉素每千克体重2～5毫克，或恩诺沙星3～5毫克，每天1～2次，连用3～5天。为了促进食欲，每天还可肌内注射维生素B_1或复合维生素B注射液和维生素C注射液各1～2毫升，重症者可皮下或腹腔补液，5%葡萄糖盐水10～20毫升，背侧皮下多点注射，也可一次腹腔注入。

六、阴道加德纳氏菌病

【流行特点】本病是由加德纳氏菌引起的人兽共患细菌性传染病。不同品种、不同年龄及不同性别的狐均可感染，北极狐感染率高于银黑狐、赤狐及彩狐；母狐明显高于公狐；成年狐高于青年狐。貉和水貂也有较高的感染率。病狐和患有该病的动物是主要的传染源，该菌也能感染人，人与狐间能互相感染；本病主要是通过交配，经生殖道或外伤传染，妊娠母狐可直接感染给胎儿。所以，发病有明显的季节性，即在狐繁殖期。养狐场狐阳性率为 0.9%～21.9%，个别的高达 75% 以上，空怀率 3.2%～47.5%，流产率 1.59%～14.7%。在我国各养狐场狐流产、空怀有 45%～70% 是感染阴道加德纳氏菌所致。

【临床症状】 主要侵害泌尿生殖系统，病狐表现繁殖障碍，妊娠中断、流产、死胎，仔狐发育不良，产仔率下降和生殖器官炎症。公狐经与母狐交配后也可感染该病，发生包皮炎、前列腺炎、睾丸炎，使公狐狸性欲降低、死精和精子畸形等，也常出现血尿。

【诊　断】 在排除引起妊娠中断的其他疾病和原因，如饲料质量不佳、不全价、环境不安静、管理不善等非传染性因素后，根据临床症状和流行特点可以初步怀疑阴道加德纳氏菌病。确诊需进行细菌学和血清学试验。

【防治措施】

1. 特异性预防　疫苗接种是预防本病的有效措施，狐阴道加德纳氏菌灭活疫苗每年注射 2 次，但初次使用疫苗前，最好进行全群检疫，对检疫阴性的狐立即接种疫苗，对检出阳性病狐有种用价值的先用药物治疗后 1.5 个月再进行疫苗接种。

2. 平时预防　要加强养殖场的卫生防疫工作，对流产的胎儿与病狐的排泄物和分泌物及时消毒处理，不要用手触摸，笼网用火焰消毒，地面夏季用 10% 生石灰乳消毒，冬季用生石灰粉撒布。对新引进的种狐要检疫，进场后要隔离观察 7～15 天方可混入大群。

3. 治疗　对血检阳性病狐狸和流产病狐狸及早进行治疗是可以治愈的。该菌对氨苄青霉素、红霉素、庆大霉素敏感，临床治疗效果可靠。实践证明，用红霉素进行 7～10 天的治疗，每日口服 2 次，每次 0.1～0.2 克，治愈率可达 95% 以上，为了促进病狐狸的食欲可以肌内注射复合维生素 B 注射液或维生素 B_1 注射液 1～2 毫升，每日 1 次。

七、克雷伯氏菌病

【流行特点】 克雷伯氏菌病是由克雷伯氏杆菌引起的细菌性传染病。本菌寄生于动物呼吸道或肠道，在呼吸道内比在肠道内多见，在水和土壤中也能发现此菌，为条件病原菌，对人、家畜、野鼠及水貂均有高度病原性。

毛皮动物克雷伯氏菌病，消化道是主要感染途径，通过被污染的饲料（肉联厂的下脚料，如乳房、脾脏、子宫等）传染，亦可通过患病动物的粪便和被污染的水传播，主要是哺乳期仔貂和育成貂感染。但克雷伯氏菌病的传染方式，目前尚不十分清楚。本病呈暴发流行，具有较高死亡率。

【临床症状】 克雷伯氏菌病临床上以脓肿、疏松结缔组织炎、麻痹和脓毒败血症为特征。水貂、狐等毛皮动物的克雷伯氏菌病，根据临床表现可分为脓肿型、蜂窝织炎型、麻痹型和急性败血型 4 个类型。

【诊　断】 根据流行病学、临床表现和病理变化可怀疑本病，但确诊需采取死亡病兽的心血、肝、脾、肾、肺做涂片或触片染色镜检，然后再进行细菌分离培养，进而作出诊断。

【防治措施】 平时注意对饲料，尤其肉制品加工厂的下脚料（如乳房、淋巴结等）的使用严格控制，注意饮水卫生，经常做好消毒和灭鼠工作。

当水貂场发现克雷伯氏菌病时，应将病貂和可疑病貂及时隔离出来。用庆大霉素、卡那霉素、环丙沙星、恩诺沙星、磺胺类药物进行治疗。对体表脓肿，应切开排出脓汁，用 3% 双氧水冲洗创腔后撒布消炎粉或其他制菌药物，全身疗法可肌内注射链霉素，剂量为 25～50 万单位，1 天 2 次到治愈为止；口服环丙沙星，成年貂每日每只按 10 毫克，连服 5～7 天。此外，庆大霉

素、磺胺类药物对克雷伯氏菌也有较好的治疗效果。

八、链球菌病

【流行特点】 毛皮动物链球菌病是由β型溶血性链球菌引起的一种急性败血性传染病。貂、狐和貉均易感，幼兽更易感，人也感染。发病动物和带菌动物是主要传染源。病菌随分泌物、排泄物排出体外。貂、狐和貉主要经消化道食入被β型溶血性链球菌污染的肉类饲料和饮水感染，也可通过污染的垫草、饲养用具而传播；此外，当口腔、咽喉、食管黏膜及皮肤有损伤时亦可感染。本病多散发，常在仔兽出生5～6周后开始发病，7～8周达到高潮，成年兽很少发病；病的分布很广，发病率及致死率很高，危害很大。

【临床症状】 潜伏期长达6～16天。本病临床表现多种多样，主要表现有：①急性败血症型：病兽突然拒食，精神沉郁，不愿活动，步履蹒跚，呼吸急促而浅表，一般出现症状后24小时内死亡。②脓肿型：多见于水貂，常于头部和颈部发生脓肿。③关节型：多见于银黑狐，常发生一肢或多肢关节肿胀、溃烂、化脓。急性败血型不经治疗100%转归死亡；关节型预后良好。

【诊　断】 根据临床症状和病理变化不能建立诊断。但关节脓肿型和头、颈脓肿型较易诊断。最后确诊必须进行细菌学检查。

1. 平时预防　对来源不清或污染的饲料要经高温处理（煮沸）再喂；有化脓性病变的动物内脏或肉类应废弃不用。来源于污染地区的垫草不用；有芒或有硬刺的垫草最好也不用。兽群可以采取预防性投药，在饲料中加入预防量的土霉素粉或诺氟沙星之类的药物，增效磺胺也可以。

2. 疫情处理　对发病动物立即隔离，对污染的笼舍、食具和地面等进行消毒，清除小室内垫草和粪便，进行烧毁或进行发酵处理。对死亡的动物应深埋。

3. 治疗 可以选择青霉素、红霉素、氟苯尼考、四环素（每千克体重10～20毫克）、恩诺沙星（每千克体重5毫克）等敏感药物拌料预防、治疗。个别病例可用头孢喹肟（每千克体重2毫克）、头孢噻呋（每千克体重5毫克）、卡那霉素肌内注射，同时可用多种维生素，葡萄糖维生素C饮水，连续给药3～5天。

九、双球菌病

【流行特点】 双球菌病又称双球菌败血症，毛皮动物双球菌病是由黏液双球菌（典型的肺炎双球菌）引起的一种急性传染病。不同品种、年龄、性别的毛皮动物均易感。带菌动物、死亡于本病的家畜肉类饲料及患有本病的家畜的奶是传染的主要来源；貂、狐和貉吃了病畜肉、奶及其内脏经消化道感染，也可经呼吸道吸入污染的空气感染，或通过胎盘感染。本病无季节性。幼龄动物多在饲养条件不好、抵抗力下降的情况下突发此病，常呈暴发流行；成年动物多在妊娠期发病，发病率和死亡率都很高（达67.4%）。

【临床症状】 潜伏期2～6天。新生仔貂发病时常无特征性临床症状而突然死亡；日龄较大的仔兽表现精神沉郁、拒食、步态摇摆、前肢屈曲、拱背呻吟、躺卧不起、摇头、腹式呼吸，从鼻和口腔内流出带血的分泌物，有的腹泻。北极狐狸发生本病时，表现高度沉郁；妊娠母狐狸易发生空怀、流产，或产下发育不良、干枯或湿软的死胎。本病多为急性或亚急性经过。预后好坏决定于治疗的早晚，凡能及时治疗的多转归良好，而不能及早治疗者，预后可疑。

【诊　断】 根据流行病学、临床症状和病理变化可以怀疑本病。但只有进行细菌学检查才能确诊。

【防治措施】

1. 平时预防 此病无疫苗可供使用。为提高动物的抵抗力，饲料内要增加鲜鱼等全价的动物性饲料和维生素饲料。

2. 疫情处理　首先要切断传染源，从日粮中排除（或予以蒸煮）被双球菌污染的饲料，如奶和奶制品，屠宰的犊牛、羔羊及其他肉和副产品；并及时隔离病兽和可疑病兽，进行对症治疗；同时用火焰喷灯或3%甲醛溶液、5%克辽林溶液消毒病兽污染的笼舍。

特异性治疗可用犊牛或羔羊抗双球菌高免血清，每只病狐兽皮下注射5～10毫升，每天1次，连注2～3天即可痊愈。同时，配合抗生素及磺胺类药物进行治疗。还应加强对症治疗，强心、缓解呼吸困难，可肌内注射10%樟脑磺酸钠注射液，每只0.3～0.4毫升。为促进食欲每日肌内注射维生素B_1注射液，维生素C注射液等，每日每只各注射1～1.5毫升。

十、钩端螺旋体病

【流行特点】 钩端螺旋体病又称细螺旋体病、传染性黄疸、血色素尿症，毛皮动物钩端螺旋体病是由钩端螺旋体引起的人、兽共患的传染病。不同年龄和性别的银黑狐和北极狐均易感，但以3～6月龄幼狐狸最易感，发病率和死亡率也最高。水貂和貉较有抵抗力。病兽和带菌动物是本病的主要传染源，如各种啮齿动物，特别鼠类带菌时间长；家畜也是重要的传染来源，特别是猪最为危险，患病及带菌动物主要由尿排菌污染低湿地而成为危险的疫源地。当毛皮动物吞食了被污染的饲料和饮水，或直接吃了患本病的家畜内脏器官经消化道感染而引起地方性流行；本菌可以通过健康的、特别是受损伤的皮肤、黏膜、生殖道感染，带菌的吸血昆虫如蚊、虻、蜱、蝇等亦可传播本病；人、兽、畜、鼠类的钩端螺旋体病可以相互传染，构成复杂的传染链。本病虽然一年四季都可发生，但以夏、秋季节多发，而以6～9月份最多发。雨水多且吸血昆虫较多时为本病多发期。本病的特点为间隔一定的时间成群地暴发，本病任何时候也不波及整个兽群，仅在个别年龄兽群中流行。

【临床症状】潜伏期 2～12 天，临床表现和病理变化多种多样，主要症状有短期发热、黄疸、血红蛋白尿、出血性素质、水肿、妊娠母狐流产空怀等。急性病例 2～3 天死亡。

【诊　断】根据流行病学、临床症状及病理变化可做出初步诊断，确诊需要实验室检查。银黑狐狸和北极狐狸钩端螺旋体病有很多地方与沙门氏菌病、巴氏杆菌病类似，应加以区别。

【防治措施】

1. 平时预防　除了实行一般卫生防疫措施外，应特别注意检查所有肉类饲料，发现有本病可疑症状（黄疸、黏膜坏死和血尿）的动物肉类及副产品必须煮熟后饲喂。场内一定要挖好排水沟，不能过于潮湿和积水。重视灭鼠，防止污染饲料和饮水。

2. 疫情处理　立即将病兽和可疑病兽隔离饲养和治疗，到打皮时淘汰，不得中途再放进饲养场，同时彻底消毒被污染的环境。

发病早期大剂量用各种抗生素如青霉素、链霉素、金霉素、土霉素，治愈率达 85%。轻症病水貂 60 万单位、狐 80 万～100 万单位青霉素或链霉素分 3 次肌内注射，连续治疗 2～3 天；重症的连续 5～7 天。同时配合维生素 B_1 和维生素 C 注射液各 1～2 毫升，分别肌内注射，每天 1 次。

十一、秃 毛 癣

【流行特点】秃毛癣又称皮肤霉菌病，是由皮霉菌类真菌引起的一种皮肤传染病，俗称钱癣或匐行疹。北极狐、银黑狐、貉、貂等易感，人也感染。幼兽易感性强。病兽是主要传染源。患病动物病变部分脱落的毛和皮屑含有病原菌丝和孢子，不断污染环境，且在环境中保持很长时间的感染力。病原体可依附在植物或其他动物身上，或生存在土壤中，在一定的条件下传染给毛皮动物或饲养人员。本病主要通过动物直接接触或间接经护理用具（扫帚、刮具）、垫草、工作服、小室等而发生传染。患发癣

病的人也可能携带病原到兽场。啮齿动物和吸血昆虫可能是病原体的来源和传染媒介。本病一年四季都发生，在炎热潮湿的季节多发，以幼兽发病率较高。发病率因养殖环境、不同年份及管理水平不同有很大差异。本病开始出现在一个饲养班组的兽群中，病兽被毛和绒毛由风散布迅速感染全场。

【临床症状】 潜伏期8～30天。特征是在皮肤上出现圆形秃斑，覆盖以外壳，痂皮及稀疏折断的被毛。

【诊　断】 根据临床症状和真菌检查可以得到确诊。毛皮动物秃毛癣与维生素缺乏病，特别是B族维生素缺乏病有某些类似的地方。虽然B族维生素缺乏病也会在身体某部出现秃毛斑，但缺乏秃毛癣特有的外壳和痂皮，没有脚掌病变。在日粮中加入B族维生素，皮肤病变即停止。显微镜检查刮下物，没有真菌孢子。

【防治措施】

1. 平时预防　加强养殖场内和笼舍内的卫生，饲养人员注意自身的防护，防止感染。患皮肤真菌病的人不要与毛皮动物接触。

2. 疫情处理　应隔离治疗。病兽的笼具可用5%石炭酸热溶液（50℃）或5%克辽林热溶液（60℃）消毒。

将病兽局部残存的被毛、鳞屑、痂皮剪除，用肥皂水洗净，涂以克霉唑软膏或益康唑软膏、癣净等药物。在局部治疗的同时，可内服灰黄霉素，每日每千克体重25～30毫克，连服3～5周，直到痊愈。

第三节　中毒性疾病

一、肉毒梭菌毒素中毒

【病　因】 肉毒梭菌毒素中毒是由于狐食入肉毒梭菌毒素而引起的一种急性中毒性疾病。肉毒梭菌广泛分布于土壤、湖、塘等水体及其底部泥床中、动物尸体、饲料等。水貂发病主要是食入了被肉毒梭菌毒素污染的肉和鱼等经胃肠吸收，引起中毒。本病没有年龄和性别区别，一年四季均可发生，但以夏、秋季节多发，常呈群发；病程3～5天，个别有7～8天。本病突然发生，其严重性和延续时间，决定于水貂或毛皮动物食入的毒素量。死亡率高达100%。

【临床症状】 本病的特征是运动神经麻痹。水貂食入含毒素的饲料后8～24小时，突然发病；最慢者48～72小时，多为超急性经过，少有急性经过者。银黑狐主要表现运动神经麻痹症状，心跳加快达82次/分，重症者心跳缓慢而无力，最后死于呼吸困难、乏氧。引起人和毛皮动物（肉食动物）中毒的多为C型肉毒梭菌毒素。

【诊　断】 根据食后8～24小时突然全群性发病，且多为发育良好，食欲旺盛的水貂发病，临床上出现典型的麻痹症状，并大批死亡，而剖检又无明显的病理变化，即可怀疑肉毒梭菌毒素中毒。确诊需采集可疑饲料或胃内容物做毒性试验。

水貂肉毒梭菌中毒临床表现上与阿氏病（伪狂犬病）相似。但阿氏病水貂瞳孔眼裂缩小，斜视，公貂阴茎麻痹，呼吸困难，在饲喂屠宰场猪的下脚料3～5天后发病，开始病势不猛，经2～3天后死亡迅速增加，到3～4天达最高峰，再经2～3天死亡下降。

【防治措施】 控制动物食入含有肉毒梭菌毒素的饲料是预防本病的根本办法。所以，要注意饲料卫生检查，腐败变质的动物肉或尸体不能饲喂；不明原因死亡的动物肉或尸体最好不用，特别是死亡时间比较长的尸体最危险，如果实在要用，一定要经高温煮熟后再用。在经常发生本病的地区兽群可以注射肉毒梭菌疫苗，一次接种免疫期可达3年之久。

发生中毒后首先停喂可疑饲料，然后投给大量葡萄糖水和比平时增加1～2倍量的维生素C，同时投给生物脱霉剂；尽量不要用抗生素等药物治疗。

二、霉饲料中毒

【病　因】 霉饲料中毒是毛皮动物采食了被黄曲霉或寄生曲霉污染并产生黄曲霉毒素的饲料后引起的一种急性或慢性中毒。玉米、花生等植物种子及副产品是真菌生长发育的良好培养基。由于收获不当或贮存不注意，很易被黄曲霉和寄生曲霉寄生而发霉变质，黄曲霉毒素。水貂、狐、貉等毛皮动物对霉变饲料都很敏感，当食入了被黄曲霉菌和寄生曲霉菌污染的发霉变质饲料后，就可能引起黄曲霉毒素中毒。

【临床症状】 根据动物种类、年龄和食入毒素量的不同而有差别，即使同一种动物有时也不一致。经常食入少量毒素会使幼小动物生长缓慢或生长停顿，而无可见的临床症状。水貂中毒多呈慢性经过，到病的后期才表现出临床症状，如食欲减退、呕吐、腹泻、精神沉郁、抽搐、震颤、口吐白沫、角弓反张，癫痫性发作等，在停食后经过1～2天即很快死亡。急性病例，在临床上看不到明显症状就死亡。

【诊　断】 根据饲喂含黄曲霉毒素的饲料后，在同一时间内，多数毛皮动物发病或死亡，慢性病例出现食欲不佳、剩食、腹泻及病理剖检变化即可初步诊断本病，确诊需对饲料样品进行检验，证明饲料内有黄曲霉毒素存在。

【治　疗】 首先立即停喂可疑饲料，在饲料中加喂蔗糖、葡萄糖或绿豆水，发病严重者可静脉或腹腔注射5%葡萄糖注射液，同时维生素C、维生素B_1和维生素K注射液各1～2毫升，防止内出血和促进食欲。

三、食盐中毒

【病　因】 由于日粮食盐给量计算错误，或日粮内加食盐不用衡器称量而凭经验估计导致加量错误，或饲料中食盐调制不均匀及饲喂未经浸泡盐分过高的咸鱼等均可使日粮中食盐过量，特

别是当狐狸饮水不足的情况下，都能造成食盐中毒。毛皮动物中水貂和北极狐对食盐中毒最易感。

【临床症状】食盐中毒的毛皮动物，出现口渴、兴奋不安、呕吐、从口、鼻中流出泡沫样黏液，呈急性胃肠炎症状，癫痫性发作，嘶哑尖叫。水貂、北极狐于昏迷状态下死亡。有的病貂共济失调，或做旋转运动，排尿失禁，尾巴翘起，最后四肢麻痹。

【防治措施】严格按标准在毛皮动物饲料中添加食盐，同时要搅拌均匀。利用咸鱼喂毛皮动物时，一定要脱盐充分。在任何季节都要保证充足饮水。

发现中毒立即停喂含盐的饲料，增加饮水，但要有限制地不间断性地少量多次给水。病兽不能主动自饮的，可用胃管给水或腹腔注射5%葡萄糖注射液10～20毫升；为了维持心脏功能，可注射强心剂，皮下注射10%～20%樟脑油注射液，水貂注射0.2～0.5毫升，北极狐和银黑狐0.5～1毫升；水貂也可皮下注射5%葡萄糖注射液5～10毫升。为缓解脑水肿，降低颅内压，可静脉注射25%山梨醇注射液或高渗葡萄糖注射液。

第四节　寄生虫病

一、附红细胞体病

【流行特点】附红细胞体病是由附红细胞体（简称附红体）寄生于脊椎动物红细胞表面或血浆中而引起的一种人、兽共患传染病。本病一年四季均可发病，但在夏、秋季节（7～9月份）多发。吸血昆虫是传播媒介，蚊、蝇及吸血昆虫叮咬可以造成本病的传播；此外，消毒不好的注射针头传播严重。许多成年毛皮动物是带虫而不发病，但在应激因素作用下发病。

【临床症状】潜伏期6～10天，有的长达40天。本病多为隐性感染，在急性发作期出现黄疸、贫血、发热等症状。

【诊　断】 根据流行病学特点、临床症状及病理变化可初步诊断。血片检查找到虫体，即可确诊。

【防治措施】 加强饲养管理，搞好卫生，消灭场地周围的杂草和水坑，以防蚊、蝇滋生传播本病。减少不应有的意外刺激，避免应激反应。大群注射疫苗时，要注意针头的消毒，做到一兽一针，严禁一针多用，以防由于注射针头而造成疫病的传播。平时应全群预防性投药，可用多西环素粉，每千克体重 7～10 毫克，拌料喂 5～7 天；也可用土霉素、四环素拌料。

病兽用咪唑苯脲 1～1.5 毫克 / 千克体重，肌内注射，每天 1 次，连用 3 天，效果较好；也可用盐酸土霉素注射液，每千克体重 15 毫克，肌内注射，或血虫净 3～5 毫克 / 千克体重，用生理盐水稀释深部肌内注射；同时，可以注射复合维生素 B、维生素 C 及铁制剂。另外附红细胞体对庆大霉素、喹诺酮、通灭等药物也敏感。

二、疥 螨 病

【流行特点】 疥螨病又称螨虫病，由于螨虫寄生在狐、貉和水貂的体表而引起的接触性传染性皮肤病，特征是伴有剧烈瘙痒和湿疹样变化。病兽是主要传染来源，健康兽与病兽直接接触（密集饲养、配种等）或与被病兽污染的物体（运输和固定笼子、小室、产箱、食盆、饮水盒、清洁用具）以及被污染的工作服和手套等接触也可以发生传染。此外，寄生于各种动物和人的疥螨可以相互感染；蝇可把疥螨携带到毛皮动物饲养场；被患疥螨病的老鼠污染的草，用来作毛皮动物的垫草可以使毛皮动物感染；狗和猫可把疥螨带入兽场。

【临床症状】 特征是伴有剧烈瘙痒和湿疹样变化，病变多在面部、背部、腹部、四肢、爪背面发生，形状不规则；病变部位首先掉毛，皮肤增厚，出现红斑，破溃后形成痂皮，病兽常用爪激烈抓挠病变部位，在秃毛部肥厚的皮肤上出现出血性龟裂和搔伤。

毛皮动物疥螨病时，由于身体皮肤广泛被侵害，食欲丧失，有时发生中毒死亡。但多数病例经治疗预后良好。

【诊　断】根据瘙痒和皮肤变化，可做出初步诊断，再结合虫体检查发现螨虫即可确诊。

【防治措施】当毛皮动物饲养场发生疥螨病时，要进行逐只检查，立即把病兽转入隔离室内饲养、治疗。对病兽住过的笼子用 2%～3% 热克辽林或来苏儿水溶液消毒，同时对兽场进行一次机械清理和消毒。为预防疥螨被带入，严禁将野外捕获的野生毛皮动物及狗、猫等带进兽场，定期灭鼠，新引进的动物应进行螨虫检疫。饲养人员与疥螨病兽接触时，应严格遵守个人预防规则，不允许患疥螨病的人饲养毛皮动物。当毛皮动物出现有皮肤病变（秃毛、抓伤、皮肤炎及其他异常）时，应立即取刮下物镜检，观察有无疥螨存在。

对患部及其周围剪毛，除去污垢和痂皮，以温肥皂水或 0.2% 温来苏儿水洗刷，然后进行药物治疗。杀螨药常用特效杀虫剂 1% 伊维菌素或阿维菌素注射液，每千克体重 0.3 毫克，皮下注射，7～10 天后再注射 1 次，一般经 2 次注射即可治愈。还可用通灭、害获灭，每只狐肌注 0.7～1 毫升，每隔 7～10 天用药 1 次，连用 3 次，即可治愈。用 0.5% 敌百虫溶液喷洒笼舍或用火焰喷灯对笼子进行杀螨。如有继发感染，应用青霉素、链霉素或磺胺类药等做全身治疗，单纯用杀螨虫药效果不好。

三、毛 虱 病

【流行特点】血虱科的犬血虱寄生于毛皮动物体表，并以吸取血液为主的一种外寄生虫病，血虱终生不离毛皮动物身体。成年毛皮动物和母兽体表的各阶段虱均是传染源，通过直接接触传播，尤其在场地狭窄、毛皮动物密集拥挤、管理不良时最易感染，也可通过垫草、用具等引起间接感染。一年四季都可感染，

但以寒冷季节感染严重。大、小毛皮动物都有不同程度的寄生，诱发皮肤病，使毛皮动物、特别是仔兽的生长受到一定影响。

【临床症状】 在毛皮动物腋下、大腿内侧、耳壳后最多见，患病毛皮动物时常摩擦，不安，食欲减退，营养不良和消瘦，尤以分窝前仔兽更严重。损伤皮肤感染环境中致病菌则引发毛皮动物皮肤病。

【诊　断】 检查毛皮动物体表，尤其耳壳后、腋下、大腿内侧等部位皮肤和近毛根处，找到虫体或虫卵则可确诊。

【防治措施】

一是保持狐场环境卫生、并定期进行灭鼠。二是当狐狸出现有蹭痒、皮肤病变（秃毛、抓伤、皮肤炎症及其他异常）时，应及时进行体表寄生虫检查。三是对病狐狸的笼具用2%～3%来苏儿溶液消毒或火焰消毒。

1. 涂药疗法　适用于患部面积较小和天气较冷的季节。先将患部及周围被毛剪掉，用温肥皂水刷洗，除去硬痂和污物，然后用0.1%新洁尔灭溶液涮洗，擦干后涂硫磺甘油、碘甘油。也可将敌百虫粉5克溶于95毫升温水中，然后进行涂搽。必须涂搽2～3次，每次间隔5天，以杀死成虫和新孵出的幼虫，达到彻底灭虫的目的。处理时，要注意把用具、场地进行彻底消毒，防止病原扩散。

2. 药浴疗法　主要用于患部面积大且温暖的季节，可用2%敌百虫溶液、50毫克/千克溴氰菊酯溶液或1%克辽林水乳剂等进行药浴。一是可利用桶、盆等容器进行，药液量以能完全浸泡毛皮动物整个身体为度（大约30千克），溶液温度不能低于30℃，否则影响药效，大批应用前，要先进行小群安全实验。二是药浴时要注意选择晴天和无风天气进行；药浴前让药浴个体充分饮水，药浴时间为2～3分钟，同时清除结痂；处理头部时，应闭锁鼻孔和口，浸入浴盆2～3秒钟，经7～8天可再进行1次，一旦发现中毒（精神不佳，口吐白沫）可皮下注射1%硫酸阿托品注射液（每千克体重 0.3 毫升），或氯磷定（每千克体重 0.3～0.4 毫升），同时注意工作人员的安全。

四、狐蛔虫病

【流行特点】 蛔虫病是毛皮动物特别是狐常见的一种线虫病，主要感染幼龄兽。配种前母兽驱虫不彻底，母兽体内成虫产生的卵由母体的胎盘进入胎儿体内，胎儿在出生时已感染，然后发育成成虫。驱虫后粪便未能及时清除、堆积发酵消灭虫卵，饲料或者饮水被含虫卵的粪便污染，毛皮动物感染发病。毛皮动物接触地面食入虫卵而感染。新生仔兽也可通过吮吸初乳而引起感染。

【临床症状】 很少引起毛皮动物死亡，主要表现可视黏膜苍白，消瘦贫血，异嗜，生长发育不良，被毛逆立，后期可见腹部膨大，先腹泻后便秘。个别病例呕吐，呕吐物有蛔虫虫体。

【诊　断】 从毛皮动物粪便中见到成虫或者查出虫卵，或者剖检中发现成虫就可确诊。

【防治措施】

一是注意饲料及饮水卫生，蔬菜及瓜果生喂必须洗净，防止食入蛔虫卵，减少感染机会。二是及时清理粪便，特别是驱虫后更要集中清理，然后堆积密封发酵，粪堆内温度可以杀死蛔虫卵。三是定期进行驱虫预防，常用驱虫药有阿维菌素、伊维菌素、芬苯达唑、左旋咪唑等，可选择轮换用药保证良好驱虫效果；驱虫时间宜在冬季母兽配种前，仔兽可满月后采用群体服药，间隔 1 个月再驱虫 1 次。由于存在再感染的可能，所以最好每隔 3～4 个月驱虫 1 次。

大群用驱虫药如左旋咪唑（每千克体重 8～10 毫克，每日 1 次）、丙硫苯咪唑（每千克体重 50 毫克，每日 1 次）、阿苯达唑（每千克体重 5～20 毫克，每日 1 次）、芬苯达唑（每千克体重 3～20 毫克，每日 1 次）、阿维菌素或伊维菌素（每千克体重 0.3

毫克）拌料，也可用伊维菌素或阿维菌素 1% 注射液（每千克体重 0.03 毫升）皮下注射。

五、弓形虫病

【流行特点】 弓形虫病是由龚地弓形虫引起的人兽共患的寄生虫病。毛皮动物因吃了被猫粪便污染的食物或含有弓形虫速殖子或包囊内的中间宿主的肉、内脏、渗出物、分泌物和乳汁而被感染。速殖子还可以通过皮肤、黏膜而感染，也可通过胎盘感染胎儿。本病没有严格的季节性，但以秋、冬和早春发病率最高，可能与寒冷、妊娠等导致机体抵抗力下降有关。猫在 7～12 月份排出卵囊较多。此外温暖、潮湿地区感染率较高；水貂弓形虫阳性率为 10%～50%，银黑狐和北极狐为 10%～20%。水貂患本病死亡率很高，尤其仔兽可高达 90%～100%

【临床症状】 潜伏期一般 7～10 天，也有的长达数月；急性经过的 2～4 周内死亡；慢性经过的可持续数月转为带虫免疫状态。狐表现为呼吸困难，由鼻孔及眼内流出黏液，腹泻、呕吐，肢体麻痹或不全麻痹，体温高达 41～42℃，似犬瘟热；死前表现兴奋，在笼内旋转惨叫。水貂特征是中枢神经系统紊乱。

【诊 断】 根据临床症状、流行病学和非特异性病理解剖及组织学变化只能提供怀疑本病的依据，确诊必须依靠实验室检查。本病常与犬瘟热、副伤寒、阿留申病相混同。所以，必须进行实验室检查加以鉴别。

【防治措施】 不让猫进入养殖场，尽量防止猫粪对饲料和饮水的污染。饲喂毛皮动物的鱼、肉及动物内脏均应煮熟后饲喂。对患有弓形虫病的毛皮动物及可疑的毛皮动物进行隔离和治疗。死亡尸体及其被迫屠宰的胴体要烧毁或消毒后深埋。取皮、解剖、助产及捕捉用具要进行煮沸消毒，或以 1.5～2% 氯亚明、5% 来苏儿溶液消毒。

【治 疗】 治疗可用氯嘧啶和磺胺二甲嘧啶（每千克体重 20

毫克，肌内注射，每天2次，连用3～4天）并用效果显著；或用磺胺苯砜（sDDs），每日每千克体重5毫克。为了促进病兽食欲，辅以B族维生素和维生素C。在治疗发病个体的同时，必须对全场兽群进行预防性投药，常用：磺胺对甲氧嘧啶（SMD）20克或磺胺间甲氧嘧啶（SMM）20克，三甲氧苄啶（TMP）5克，复合维生素10克，维生素C 10克，葡萄糖1000克，小苏打150克，混合拌湿料50千克，每天2次，连喂5～6天。

第五节 普通病

一、幼兽消化不良

幼兽消化不良是指幼兽胃肠机能障碍的统称，是哺乳期和育成期貂狐貉等毛皮动物最常见的一种胃肠疾病。

【病　因】 一是妊娠兽，特别是妊娠后期，饲料供应不足，尤其是蛋白质、矿物质和维生素缺乏时，营养代谢发生障碍，导致初乳的质量降低，仔兽从初乳中获得的母源抗体减少，抵抗力下降，是诱发仔、幼兽消化不良的先天性原因。二是哺乳期母兽的饲养管理不当，特别是饲喂霉败变质食物后，毒素可经乳排出，仔兽吮吸乳汁后引起消化障碍；三是当卫生条件不良，特别是母兽乳头不清洁，常常是引起仔兽消化不良的重要因素；四是当小室垫草过度潮湿，或母兽叼入小室内的食物因存放时间过久而变质后，常被仔兽采食而引起消化不良。五是刚断乳分窝的幼兽，消化功能尚不健全，仅适应于对母乳和高质量补充饲料的消化。因此，由母乳改喂饲料时，常因幼狐狸不适应新的生活环境和日粮的变更发生应激反应，而发生消化不良。

【临床症状】 主要特征是明显的消化机能障碍和不同程度的腹泻并具有群发的特点，但没有传染性。

哺乳期仔兽，特别是10日龄左右的仔兽，呕吐和腹泻，腹

泻的粪内常常有未充分消化的奶块，粪便常呈水样黄色，也有的呈粥样绿色，粪有明显的酸臭味并混有气泡。断乳分窝后的幼兽，常常表现呕吐、腹泻，粪内常常带有大量黏液和泡沫并有恶臭气味，肛门松弛，排粪失禁，有时继发肠套叠和直肠脱出，多因治疗不当而引起死亡。

【诊　断】根据发病原因和临床症状即可得出诊断。但应注意与细小病毒病、沙门氏杆菌病、大肠杆菌病等腹泻进行鉴别。

【治　疗】首先应查找并去除发病原因。对发病仔兽，可向泌乳母兽饲料中加入一定量的药物，如土霉素、四环素每只0.1～0.2克，每天1次；对发病幼兽应禁食8～10小时，但不限制饮水。为了促进消化，可给健胃消食片、乳酶生、乳酸菌素片等。为防止肠道的感染，可每千克体重肌内注射卡那霉素10～15毫克，庆大霉素0.5万～1万单位，痢菌净2～5毫克。

二、急性胃肠炎

毛皮动物消化道比较短，胃炎和肠炎分别是胃黏膜和小肠黏膜急性炎症胃炎和肠炎都是胃黏膜和小肠黏膜急性炎症，在临床上不好鉴别，统称为胃肠炎，是毛皮动物的常见病。

【病　因】一是饲养管理不当，如吃了腐败变质的饲料、饮水不洁、长期吃不新鲜的肉类，或粗纤维过多的谷物饲料；二是诱因，毛皮动物肠道内的常在细菌群，在常态下是无害的，但由于长途运输引起狐狸过劳，或患感冒等疾病机体抵抗力下降时，某些常在菌则可大量繁殖增多，转化为致病菌，导致严重的危害；三是继发于某些传染病（犬瘟热、犬传染性肝炎、冠状病毒感染和细小病毒感染）和寄生虫病（弓形虫病、蠕虫病或球虫病等）。

【临床症状】病的初期食欲减退，有极度渴感，但饮水后即发生呕吐；病的后期食欲废绝，或因腹痛而表现不安；腹部蜷缩，弯腰弓背，肠蠕动增强，伴有里急后重、腹泻、排出蛋清样

灰黄色或灰绿色稀便，严重者可排血便。病程一般急剧，多在1～3天由于治疗不及时或不对症而死。

【诊　断】根据病史、临床症状，特别是对抗生素药物治疗反应良好，确定胃肠炎不困难。但有时胃肠炎易与大肠杆菌病、犬瘟热和细小病毒性肠炎相混同，必须加以鉴别。

【治　疗】首先应着眼于大群防治，从饲料中排除不良因素，并在饲料中加入百痢安或氟苯尼考、磺胺类药物等抗菌药物，每天2次，持续5～7天可有效控制本病的继续发生。对发病的动物要采取以下措施：米汤（每100毫升汤中加入1克食盐，10克多维葡萄糖），每次100～150毫升，每日3次；或给予无刺激性饮食，如肉汤、牛奶等，然后逐渐调整，直至恢复正常饮食为止。抑菌消炎是治疗胃肠炎的根本措施。可选用下列药物：黄连素0.1～0.5克，每天3次内服；磺胺脒0.5～2克，每天3～4次内服；氯霉素每千克体重0.02克，1天4次内服，连用4～6天（肌内注射用量减半）；合霉素的用法与氯霉素相同，但用量增加1倍；痢特灵每千克体重0.005～0.01克，分2～3次内服；链霉素0.1～0.5克，每日2～3次内服。此外，还要强心、补液，为恢复食欲促进消化，可肌内注射复合维生素B注射液及维生素C注射液，各1～2毫升。

三、急性胃扩张

急性胃扩张（胃臌气）伴发胃弛缓，臌胀，是由于胃的分泌物、食物或气体积聚而使胃发生扩张，或因胃扭转而引起。

【病　因】一是饲料质量不佳，酸败；二是饲料加工防腐不当，应该无害化处理（高温煮沸）没有处理，使轻度变质的饲料进入胃肠内异常发酵，产酸产气造成胃臌胀；三是饲料中某种成分应高温处理，如啤酒酵母和面包酵母（活菌）应熟喂，如生喂狐狸，易发酵造成胃臌胀；四是过食，仔兽断乳分窝以后食欲特别旺盛，不管好坏都吃，所以食入质量不佳的混合料容易在胃内

产气，特别是炎热的夏季，最易发病；五是继发于传染病或普通胃肠炎，传染病中伪狂犬病有急性胃臌胀现象。

【临床症状】 喂食后几小时即出现腹围增大，腹壁紧张性增高，运动减少或运动无力，腹部叩诊明显鼓音。病势发展比较快，患病兽出现呼吸困难，头颈伸直并出现急性腹痛症状，可视黏膜发绀，胃穿刺有多量甲烷气排出。抢救不及时，容易自体中毒，窒息或胃破裂而死。当胃破裂时，气体游离到皮下组织内，触诊时有“扑、扑”的声音。

【诊 断】 根据典型临床症状和病理变化，即可确诊。伪狂犬病继发胃扩张，通过微生物试验等其他方法加以鉴别。

【治 疗】 发现本病后，应以最快速度进行抢救，拖延时间即可发生胃破裂或窒息而死。首先排除胃扩张的原因，减少胃内发酵产气过程。可口服5%乳酸溶液或食醋3～5毫升，或口服乳酸菌素片、健胃消食片、乳酶生片1～2克，也可肌内注射胃复安0.5～1毫升，以促进胃的正向排空和加速肠内容物向回盲部推进，经1～2小时后若仍不见效，可插入胃导管排出胃内积气，如不能插入胃导管，则必须用较粗的注射针头，经腹壁刺入扩张的胃内进行放气。若放气后症状不能立即获得显著改善，表明可能发生胃扭转，应及时进行剖腹手术，进行胃切开，以排空胃内容物并矫正扭转的胃。出现休克时，应进行抗休克治疗，静脉滴注氢化可的松，剂量为每千克体重5～10毫克。

四、感 冒

感冒是由于机体不均等受寒，引起的以上呼吸道黏膜炎症为主要症状的急性全身性疾病。该病也是引起多种疾病的基础，是毛皮动物常见的疾病。

【病 因】 当毛皮动物抵抗力较低时，突然受到寒冷，或致敏原（物）刺激，皮肤和黏膜的毛细血管收缩，血液循环障碍，黏膜上皮发炎，出现流鼻液、眼泪和发热的现象；感冒时体温升

高是有病原微生物感染。

【临床症状】 体温突然升高，打喷嚏，流泪，伴发结膜炎和鼻炎。本病多发生于雨后，早春、晚秋，季节交替，气温突变的时候。该病是呼吸器官的多发病，特别是哺乳期及分窝前后的幼兽。

【诊　断】 根据动物受寒冷作用后突然发病，体温升高，咳嗽及流鼻液等上呼吸道轻度炎症症状等即可做出诊断，必要时可应用解热剂进行治疗性诊断，迅速治愈的，即可诊断为感冒。

【治　疗】 应用解热镇痛剂，如30%安乃近注射液，或安痛定注射液，或百尔定注射液，1～2毫升，肌内注射，每天1次。为促进食欲，可用复合维生素B注射液或维生素B_1注射液；为防止继发症，可用青霉素或广谱抗生素。

五、肺　炎

肺炎是支气管和肺的急性或慢性炎症。由于肺炎的经过不同，可分为急性肺炎、慢性肺炎、良性和恶性肺炎。

【病　因】 多为感冒、支气管炎发展而来，多由呼吸道微生物—肺炎球菌、大肠杆菌、链球菌、葡萄球菌、绿脓杆菌、真菌、病毒等引起。饲养管理不正常，饲料不全价都可导致毛皮动物抵抗力下降，引发支气管肺炎和大叶性肺炎。过度寒冷或小室保温不好，引起仔幼兽感冒，棚舍内通风不好、潮湿、氨气过大都会促进急性支气管肺炎的发生。

【临床症状】 特征是呼吸障碍，低氧血症，以及由于从患部吸收毒素而并发的全身反应。以幼弱及老龄兽多发，早春、晚秋气候多变的季节多发。急性支气管肺炎主要表现为精神沉郁，鼻镜干燥，可视黏膜潮红或发绀；体温高至39.5～41℃，弛张热；呼吸困难，呈腹式呼吸，每分钟呼吸达60～80次。日龄小的仔兽，多半呈急性经过，看不到典型症状，仅见叫声无力，长而尖，吮吸能力差，吃不到奶，腹部不膨满，很快死亡。

【诊　断】毛皮动物急性支气管肺炎的诊断较为困难，主要是根据临床症状和剖检变化进行诊断。

【治　疗】本病的治疗原则是消除炎症，祛痰止咳及制止渗出与促进炎性渗出物的吸收和排除。

1. 抑菌消炎　临床常用抗生素和磺胺制剂。常用的抗生素有青霉素、链霉素及广谱抗生素；常用的磺胺制剂有磺胺二甲基嘧啶等。青霉素20万～40万单位，肌内注射，每8～12小时1次；链霉素0.1～0.3克，肌内注射，每8～12小时1次；青霉素和链霉素并用效果更佳。磺胺二甲基嘧啶，每千克体重50毫克，静脉注射，每12小时1次。多西环素每千克体重7～10毫克，1天3次，口服。

2. 祛痰止咳　可用复方甘草合剂、可待因、氯化铵、远志合剂等。

3. 制止渗出与促进吸收　狐狸可静脉注射10%葡萄糖酸钙注射液5～10毫升，每天1次。

六、流　产

流产是毛皮动物妊娠中、后期妊娠中断的一种表现形式，是毛皮动物繁殖期的常见病，常给生产带来巨大损失。

【病　因】引起毛皮动物流产的原因很多，其中最主要原因是饲养管理上出现失误，如饲喂霉败变质的鱼、肉及病死鸡的肉和内脏，或饲料数量不足及饲料不全价，特别是蛋白质、维生素E、钙、磷、镁的缺乏，又如外界环境不安静和不恰当地捕捉检查母兽等都可引起流产。二是传染性流产，如布鲁氏菌病、结核病、阴道加德纳氏菌病、真菌感染、沙门氏杆菌感染、弓形虫病、钩端螺旋体病等都可引起流产。三是药物性流产，即在妊娠期间给予子宫收缩药、泻药、利尿剂与激素类药物等。

【临床症状】母兽剩食，食欲不好，由于流产的发生时期不同、病因及病理过程的不同，其临床症状也不完全相同，有以下

六种表现。一是胚胎消失，又称隐性流产，常无临床症状；二是排出未足月的胎儿，常在无分娩征兆的情况下排出，多不被发现；三是排出不足月的活胎，即早产；四是胎儿干性坏疽；五是胎儿浸溶；六是胎儿腐败分解。

【诊　断】 根据妊娠母兽的腹围变化，外阴部附有污秽不洁的恶露和流出不完整的胎儿可以确诊。

【治　疗】 针对不同情况，在消除病因的基础上，采取保胎或其他治疗措施。对有流产征兆的，胎儿尚存活的，应全力保胎，可用黄体酮5～10毫克，肌内注射，每天1次，连用2～3天。对已发生流产的母狐狸，要防止发生子宫内膜炎和自体中毒，可肌内注射青霉素60万～80万单位，每天2次，连用3～5天；食欲不好的注射复合维生素B或维生素B_1注射液，肌内注射1～2毫升。对不全流产的母狐狸，为防止继续流产和胎儿死亡，常用复合维生素E注射液，皮下注射用量2～3毫升；或1%黄体酮注射液0.3～0.5毫升。

七、乳 房 炎

【病　因】 乳房炎多由链球菌、葡萄球菌、大肠杆菌等微生物侵入乳腺所引起的母兽泌乳期乳房的急性、慢性炎症，是母兽的一种常见病，多发生在产后。其感染途径主要是因仔兽较多，乳汁不足，仔兽咬伤乳头经伤口侵入。此外，亦可由摩擦、挤压、碰撞、划破等机械因素使乳腺损伤而感染。某些疾病（结核病、布鲁氏菌病、子宫炎等）也可并发乳腺炎。

【临床症状】 患病母兽徘徊不安，拒绝给仔兽哺乳，常在产箱外跑来跑去，有时把仔兽叼出产箱，仔兽生长慢，腹部不饱满，叫声无力。毛皮动物的急性乳腺炎常局限于一个或几个乳腺，局部有不同程度的充血发红，乳房肿大变硬、温热疼痛。严重时，除局部症状外，尚伴有全身症状，如食欲减退，体温升高，精神不振，常常卧地不愿起立。

【诊　断】发现初产母兽徘徊，仔兽不安、叫声异常者，应及时检查母兽的泌乳情况和乳房状态，触诊母兽乳房热而硬，如有痛感，说明母兽患有乳房炎。

【治　疗】初期冷敷，每个乳头结合按摩排乳，在乳腺两侧用 0.25% 普鲁卡因注射液溶解青霉素进行封闭，水貂每侧注射 3～5 毫升，狐貉每侧注射 5～10 毫升。青霉素狐、貉程全身注射 50 万～80 万单位，水貂 30 万～40 万单位，混合后一次肌内注射，或用氨苄青霉素每次 0.5 克，每日 2 次。也可选用头孢噻呋钠、头孢喹肟、恩诺沙星、红霉素和氟苯尼考等药物治疗。同时，注射复合维生素 B 和维生素 C，用量，狐貉 2～3 毫升，水貂 1～2 毫升。

八、足掌硬皮病

该病貉多发，狐偶尔也可见到，轻者没有全身症状，只是表现足掌部肉垫皮肤肿胀，干燥，患兽在笼内走动比较小心，有痛感，比较拘谨。

【病　因】多种原因都可引起，如外伤性炎症，笼网不洁，潮湿，食盒、食板饲后没有及时撤出残食，粪尿的腐蚀，传染性脚皮炎，足癣（脚螨）和 B 族维生素缺乏等。

【临床症状】病兽足掌部皮肤增厚，干燥。触诊足掌部皮肤较硬，个别的趾（指）间有裂口和炎性分泌物。病兽不愿活动，在笼内行走步态比较拘谨，不敢负重。一般没有全身症状。重者食欲下降，消瘦。由于不愿运动掌部磨损少，所以有的表现爪甲比较长，即所谓大脚盖。

【防治措施】平时加强对笼具的管理，特别是笼具底部要平整、完好无缺，及时除掉笼具内的积粪和异物，食板、食盒要及时撤除刷洗。

兽群中有个别少数病例时，应检查局部，创面用 3% 双氧水清洗，清理干净，涂布 5% 碘酊，如果有全身症状，可以对症治

疗、抗菌消炎。如群发时，要查清原因，如果是细菌性脚皮炎，用 5%～10% 碘酊涂擦几次就可以治愈；如果是脚螨可用阿维菌素或通灭治疗，每千克体重 0.02～0.03 毫升掌部皮下注射，足掌部再涂以 5%～10% 碘酊（注意不要用手接触，对人的皮肤有腐蚀作用）；如果是犬瘟热等传染病引起的硬足掌病，要治疗原发病，单纯的对症治疗无效；此外，对病兽和发病群要增加 B 族维生素的补给。

九、白鼻子症

狐、貂、貉的鼻子头由黑色渐渐出现红点，然后面积逐渐增大，随后就出现白点，最后鼻子头全都变白，即俗称的白鼻子症；以后爪子逐渐变长、变白、脚垫（指枕）也变白增厚，即白鼻长爪病。

【病　因】至今不十分明确。据有关资料报道，该病是营养代谢失调而引起的综合性营养代谢障碍疾病，主要是多种维生素和矿物质、氨基酸缺乏或者比例的不平衡引起的。也有人认为是因缺铜引起的色素代谢障碍和毛的角质化生成受损。还有人认为是钙磷代谢障碍引起的佝偻病。另外，还有报道认为是感染皮霉菌类中的真菌引起的。

【临床症状】

（1）在鼻端无毛处（鼻镜），由原来的黑色或褐色逐渐出现红点，红点增多变成红斑，再后变成白点，最后整个鼻端全白，俗称“白鼻子”。

（2）脚垫（指枕）变白、增厚、溃裂、疼痛，站立困难，个别发生溃疡。

（3）爪子长、变干瘪（俗称“干爪病”），发白，有的是一个爪子发白，有的是五个爪子都白。皮肤产生大量的皮屑，不断脱落皮屑并出现跛行。

（4）四肢肌肉干瘪，紧贴骨骼，肌肉萎缩，发育不良，直立

困难。肢部被毛短而稀少，皮肤出现大量皮屑，不断脱落，被毛干燥易断，粗糙没有光泽。

（5）母兽发情晚或不发情；常因发情表现不明显而漏配；配种后腹围增大，到妊娠中、后期又缩回，出现胚胎被吸收、流产、死胎、烂胎等妊娠中断现象。

（6）仔貉开始生长发育正常，到冬毛生长期前生长停滞，甚至出现渐进性消瘦，一天比一天小，严重时营养不良而死亡。

（7）病貉将被毛的尖部咬断、吃掉，针毛秃尖，绒毛变短，颜色变浅淡，一块一块地脱落，多发生在尾、颈、臀及体侧等部位，似毛绒被剪过一样，出现所谓的"秃毛症"或"食毛症"，有脂溢性皮炎症状，严重的有皮肤溃疡现象。

【防治措施】

由于病因不十分明确，治疗方法也是在不断地探讨之中。实践中防治该病发生的办法主要是，正确合理地配制饲料，要特别注意补足动物体所需要的氨基酸，补充B族维生素的供应量。如果是因缺铜引起的应补充铜，一般用0.5%～1.9%硫酸铜混饲是安全的。如果是感染皮霉菌类中的真菌时，可于患部涂擦2%碘酊或碘甘油，每天1次，连涂3天；也可口服灰黄霉素或外用制霉菌素治疗。

十、狐狸大肾病

狐狸大肾病是以狐狸肾脏苍白、肿大为特征的一种疾病，是近些年来才发现的。

【临床症状】 该病窝发特征比较明显，有些一窝中出现1～2只，有的整窝狐狸先后都发病死亡，而母狐狸没有任何明显异常。发病狐狸采食逐渐减少，粪便稀软，消化不良，精神日渐萎靡，前期饮水增多，后期饮水减少，多数后期腹围增大，摇动躯体有震水音，腹部触摸可以摸到肿大的肾脏，如果没有继发感染，除了生长停滞，无其他临床症状。

【病理变化】 肾脏苍白、肿大，比正常大2～4倍，质地硬，有的肾皮质出血。

【治　疗】 由于不知道该病的具体发病原因，因此并无具体治疗措施。对出现临床症状的个体，可以选用头孢类（头孢氨苄、头孢曲松钠、头孢噻呋钠、头孢喹肟等）、喹诺酮类（环丙沙星、恩诺沙星、氧氟沙星、左氧氟沙星等）及阿奇霉素等消炎，饲料中还可以添加食醋或者氯化铵等辅助治疗，一个疗程用药不见效，则建议直接淘汰。此病可能与遗传有关，患病狐不宜留作种用。

十一、食毛症

毛皮动物的食毛症（吃毛、咬毛）是营养素缺乏而导致的一种营养代谢性疾病，是毛皮动物养殖场中常见的疾病，多发生于秋、冬季节。

【病　因】 食毛症病因尚不清楚，但多数人认为是微量元素（硒、铜、钴、锰、钙、磷等）缺乏或含硫氨基酸和某些B族维生素缺乏引起的一种营养代谢异常的综合征。也有人认为是脂肪酸败、酸中毒或肛门腺阻塞等引起。

【临床症状】 水貂比狐和貉食毛更为严重。病兽不定时地啃咬身体某一部位的被毛，主要啃咬尾部、背部、颈部乃至下腹部和四肢。被毛残缺不全，尾巴呈毛刷状或棒状，全身裸露。如果不继发其他病，精神状态没有明显的异常，食欲正常；当继发感冒、外伤感染时将出现全身症状，或由于食毛引起胃肠毛团阻塞等症状。

【诊　断】 从临床症状即可做出诊断，即身体的任何部位毛被咬断都可视为食毛症。但要注意与自咬症及脱毛症相区分。

【防治措施】 饲料要多样化，全价新鲜，保证营养素的供给。尤其在毛皮动物的生长期和冬毛期，饲料要注意蛋氨酸、微量元素和维生素的补给。

治疗主要是在饲料中补充蛋氨酸（可用羽毛粉、毛蛋等）、复合维生素B、硫酸钙，每天2次，连用10～15天即可治愈。还可用硫酸亚铁和维生素B_{12}治疗，硫酸亚铁0.05～0.1克，维生素B_{12} 0.1毫克，内服，每天2次，连用3～4天。

十二、尿湿症

尿湿症是泌尿系统疾病的一个症候，而不是单一的疾病。许多疾病都可导致尿湿症的发生，如尿结石、尿路感染、膀胱和阴茎麻痹、后肢麻痹、黄脂肪病及传染病的后期。

【病　因】 由于饲养管理不当，饲料不佳引起的代谢和泌尿器官的原发疾病或继发症。夏季饲料腐败变质以及维生素B_1不足都是诱发尿湿症的重要因素；有些品种有高度易感性；尿结石的机械刺激及药物的化学刺激可引起尿道黏膜损伤从而继发细菌感染。此外，临近器官组织炎症的蔓延，如膀胱炎、包皮炎、阴道炎、子宫内膜炎蔓延至尿道而发生。

【临床症状】 水貂、狐和貉都有发生，生产中水貂较多发生，公兽比母兽发病多，主要症状是尿湿。病初期出现不随意的频频排尿，会阴部及两后肢内侧被毛浸湿使被毛连成片。皮肤逐渐变红，明显肿胀，不久浸湿部位出现脓疱或皮肤出现溃疡，被毛脱落、皮肤变厚。以后在包皮口处出现坏死性变化，甚至膀胱继发感染，从而患病动物常常表现疼痛性尿淋漓，排尿时尿液呈断续状排出，排尿不直射，严重时可见到黏液性或脓性分泌物不时自尿道口流出，走路蹒跚。如不及时治疗原发病，将逐渐衰竭而死。本病多发生于40～60日龄幼兽。

【诊　断】 依据会阴和下腹部毛被尿浸湿而持续不愈即可做出诊断。

【治　疗】 首先是改善饲养管理，从饲料中排除变质或质量不好的动物性饲料，增加富含维生素的饲料并给以充足饮水。为防止感染可以用抑菌消炎药，如青霉素、土霉素等抗生素类。青

霉素，5万～10万单位/千克体重，肌内注射，每8小时1次；硫酸链霉素，每千克体重2万单位，每天2次。如果有黄脂肪病，可用亚硒酸钠维生素E注射液，剂量根据使用说明书使用，连用3～7天。为促进食欲，每天注射维生素B_1注射液1～2毫升。局部用0.1%高锰酸钾溶液冲洗尿渍，并将毛擦干，勤换垫草，保持窝内干燥。

第六章 毛皮动物养殖场的经营管理

第一节 经营管理理念

毛皮动物养殖场经营管理的目的是最大限度地获得优质产品，并使消耗费用降到最低，简而言之，养殖毛皮动物追求的目标就是优质、低耗、高效。达到高效养殖的经营理念应该是以种源为根本，以市场信息为导向，以饲料为基础，以技术、管理为保证，以资金为后盾，以效益为中心。

第一，种源是根本。

种兽的品质不仅体现自身价值，而且决定了产品的质量和经济效益。不论新老养殖场，都应把种源放在经营管理的首要地位。确立良种观念，力争人无我有、人有我多、人多我精、人精我特。

第二，市场信息是导向。

一个毛皮动物养殖场必须有一个较长时期的奋斗目标和符合市场需求的近期发展方向。以市场信息为导向才能生产出与市场适销对路的产品，增强竞争力。

第三，饲料是基础。

饲料是毛皮动物养殖最重要的基础条件，又是决定饲养成本的重要因素。抓好这一基础保证，不仅能获得理想的繁殖效果，还能科学地降低饲养成本。

第四，技术管理是保证。

毛皮动物养殖的技术性、季节性很强，1 年只有 1 个繁殖周期，容不得任何季节和环节的失误。水貂养殖的疾病风险性较大，需要用科学的管理去严加防范。因此，要加强技术管理，向科技要效益。无论大中小型的养殖场都要配备得力的技术管理人员，加强技术培训，不断提高总体技术水平。

第五，资金是后盾。

毛皮动物养殖投资较大，特别是流动资金投入较多，养殖貂狐貉一定要量体裁衣，适度发展，确保流动资金的来源和周转。

第六，效益是中心。

毛皮动物养殖的最终目的就是为获得应有的经济效益，只要坚持上述的经营理念，就能达到优质、低耗、高效的目的。

第二节　规模成本与利润分析

毛皮动物养殖场经济活动分为两个方面，一是经济活动的总收入，另一是总支出。总收入减去总支出为正数，说明生产盈利，总收入减去总支出为负数说明亏损，也就是经营管理失败。要使盈利提高，一方面是增加收入，另一方面使压缩支出，而支出的主要部分又是产品的成本。所以，要对养殖场的经济活动进行分析并提出具体改进措施。

一、成本的组成

成本是单位产品的物力与人力消费，分为直接消费和间接消费。

（一）直接消费

直接消费是指直接投入产品生产过程的消费，包括兽场基本建设费用、种兽费用、饲料费、饲养员工资、饲养场直接使用的工具、场地、当年维修费等。这部分消费占成本的绝大部分并且

是必需的。

1. 基本建设费用　兽场的基本建设费用是在建场初始就要一次性支付的。基本建设费用主要用于建造兽场围墙、道路、棚舍、笼舍、工作室、饲料加工室和冷库等，是新建场的一笔最大的开支。若准备新建一个饲养规模为500只种貂（400只母、100只公）的养貂场，基本建设费用（不包括冷库）大约需要3万元。老的养貂场，若生产规模不发展，基本建设费用是以折旧形式支付的。一般，房屋和貂棚可按10年折旧；笼网折旧，北方可按5年计算，南方按3年计算。

2. 种兽费用　种兽费用与基本建设费用一样，也是在建场之初需要一次性支付的。以500只种貂规模的养貂场为例，每只公貂260元，每只母貂180元计算，种兽成本需要9.8万元。在饲养期间，种兽费用就是固定资产，中途死亡可以用新生仔兽顶替，只要保持原有种兽数目不变即可。若第二年扩大生产，增加的种兽数还是以上述的种兽价格折算成款，作为新的投资，但也有的单位把种兽费用在几年内折旧掉的。

3. 饲料费用　饲料费用是水貂生产中最大的一项支出。兽场基本建设费用和种兽费用在建场时一次性支付后，以后几年内一般不需要再大量投资，而饲料费用是只要继续养，就要每年支付。饲料费用是随着产仔和仔兽的生长逐渐增加的。5月份以前只支付种貂的饲料费，4月中下旬仔兽出生后，开始支付仔兽的饲料费用，以后逐渐增加，屠宰取皮前达到饲料费用的最高支出点。

（二）间接消费

间接消费是指用于服务生产的消费，主要指后勤、行政人员工资、非生产性建设投资、行政管理费用等。这部分消费应占成本的较少部分。经营管理水平和兽群的规模直接影响着间接费用。配套条件适宜的大、中型养殖场，间接费用较低。

幼兽屠宰前培育的费用是目前毛皮动物饲养成本的主要部分。其中支出最多的是饲料，然后是工资，最后是间接费用。幼

兽培育成本中各部分的消耗比重不是固定不变的，是由饲料价格、兽场规模、幼兽育成率、工人工资水平等因素决定的。

二、总收入的组成

对于单纯经营毛皮动物生产的兽场，经济收入主要是出售皮张和出售种兽两项。皮张一般分 3 次出售。一是春季配种前后淘汰的种兽，数量较少，由于是非季节性取皮，质量较差，皮张价格也低。二是秋季的激素皮，目前的数量较大，但由于取皮时间和饲养管理等各方面原因，使其质量不及正季节皮，价格不高。三是冬季的正季节皮，与激素皮构成了养殖场的主要收入。

三、利润分析

一般按正常生产水平群平均育成水貂 4 只、蓝狐 6 只、银黑狐 4 只、貉 6 只，产品按皮张计算，其成本利润率分别为 30%～50%、30%～50%、40%～60%、40%～60%。如果产品中有 1/3 作为种兽出售，效益将翻 1 番以上。

水貂按 500 只标准水貂种貂（400 只母、100 只公）计算，种公貂价格为 260 元 / 只，种母貂价格为 180 元 / 只，1 组种貂成本为 98 000 元；种公貂年饲养、人工费、设备笼舍摊销计为 240 元 / 只，种母貂年饲养、人工费、设备笼舍摊销计为 160 元 / 只，总计 88 000 元；若按每只种貂产仔成活 4 只计算，1 组种貂产仔 1 600 只，如果仔貂卖种，公母各半，养 1 组种貂卖种收入为 352 000 元；仔貂饲养 4 个月卖种，仔貂饲养、人工费、设备笼舍摊销计为 60 元 / 只，总计为 1 600 × 60 元 / 只＝96 000 元。种貂成本按 3 年摊销，这样扣除各项开支，养 1 组种貂（所产仔貂全部卖种）可年盈利 232 667 元。如果仔貂打皮，公母各半，根据当前养殖行情不好的市场价格，公貂皮价格按黑色平均价格 180 元 / 张计算，母貂皮按黑色平均价格 100 元 / 张计算，总计打皮收入是 224 000 元；仔公貂饲养、人工费、设备笼舍摊销计

为 130 元 / 只，仔母貂饲养、人工费、设备笼舍摊销计为 90 元 / 只，总计 176 000 元；成本按 3 年摊销，扣除各项开支养 1 组种貂（所产仔貂全部打皮）可获年纯利润 44 667 元。虽然利润不及行情高时，但总体是盈利的。倘若按市场行情好时的市场价格，公貂皮价格按黑色平均价格 350 元 / 张计算，母貂皮按黑色平均价格 200 元 / 张计算，总计打皮收入是 440 000 元，成本按 3 年摊销，扣除各项开支养 1 组种貂（所产仔貂全部打皮）可获年纯利润 262 667 元。这对一个普通家庭养殖场，年收入是很可观的；如果养殖的是白貂，每张皮还会多获得 60～100 元利润，经济效益将更可观。

四、影响利润因素

毛皮动物养殖场的一年收入绝大部分是靠年末出售种兽和皮张获得的。种兽场出售种兽比出售皮张更加合算。因而，决定养殖场是否盈利以及盈利多少的因素，是该场年末的仔兽存活数和这些皮张的质量。若存栏数多，皮张质量也好，就会吸引其他养殖户前来购买种兽。由于出售种兽时，不论其皮张质量如何，长度是否达到尺码都是按一级皮张的最大尺码作价的。若都以出售种兽计算，每生产一只水貂所获得的产值就由原来卖皮时的 100 多元提高到 200 多元，而且缩短生产周期可以节省许多饲料，这就给生产场带来极大好处。

要使年终仔兽存活数多，必须提高毛皮动物的繁殖率，并要求产仔数多而且在生长过程死亡数少。为了达到这两个要求，就要求饲养人员熟练地掌握貂狐貉的配种和妊娠期的保胎技术，精心地做好从配种前期到妊娠期的饲养管理工作，并且懂得正确的选种和配种方法。为了使仔兽安全地饲养到年末取皮，就要求加强产仔、哺乳期的仔兽保活和仔兽生长期的饲养管理工作，并且掌握一定的兽医知识，能够及时发现和治疗疾病。

要提高毛皮动物的毛皮质量，从根本上说是育种问题，有了好的种源，子代的毛皮质量才能从遗传上得以保证，因而饲养人员必须掌握一定的遗传知识和育种方法。

毛皮动物从出生到年末取皮，离不开它所处的饲养环境和人们对它的饲养管理。这些因素都与年末的皮张质量有关。例如，标准水貂的冬毛在较暗的环境中成熟，毛色就要黑一些；若一直让它在阳光下暴晒，就会使皮张褪色，成黄褐色；若饲养人员不让水貂吃饱，就不可能生产出大型皮张；若饲养人员勤于打扫，就可避免因粪便、剩料和污草在腐烂分解时释放出来的氨气使毛皮黄染。因而要提高毛皮质量就必须掌握仔兽生长期的饲养管理技术。

把活兽变成完成初步加工过的皮张也需要一定的技术。若取皮日期不当，或者没有掌握貂狐貉的屠宰、剥皮、刮油、上楦、干燥等技术也会降低毛皮品质。因而，如何提高毛皮动物的皮张质量，增加收入中还包括取皮技术。

由上可知，毛皮动物生产是一个完整的过程，由许多生产环节组成。这些环节，一环扣一环，中间只要一个生产环节出了差错，就要影响养殖场全年的收入。

五、提高经济效益的策略

（一）合理利用饲料

在毛皮动物饲养中，不同生长阶段对营养物质都有一定数量的需求，只有满足其实际需要，毛皮动物才能有效地利用这些营养物质进行各种生产活动，从而到达预期的饲养目的。饲料营养水平过高，一味追求高蛋白，会造成饲料的浪费，对毛皮动物的吸收利用未必有利；饲料营养水平过低，只为节约成本，而用鱼排取代全鱼，或者大量利用鸡架等副产品，毛皮动物得不到足够的营养，生产力下降，甚至造成疾病或死亡，更是浪费。科学地搭配饲料，合理选择饲料原料，既要注意饲料营养成分的数量，也要考虑各种成分之间的比例，只有这样，才能有利于毛皮动物对饲料的消化、吸收和利用。

饲料在采购、运输、贮存和加工中的损失也是一笔很可观数字。这里包括数量上的和质量上的损失。在日常管理工作中，往往只看到饲料数量的损失而忽略了品质的损失。例如，冬季贮存饲料时，大量饲料堆放在露天地，在阳光照射和空气中氧的作用下，维生素 A、B 族维生素、吡哆醇、维生素 C 被破坏分解。这种饲料利用时，如果不补加维生素，生物学效价就降低。冷冻贮藏中，如果贮藏温度高，贮藏时间长也易使饲料品质下降。饲料加工时，有的饲养场用大锅煮。由于煮沸时间过久，使得大量蛋白质溶解于水中被倒掉，同时还使 B 族维生素和维生素 C 被破坏或溶于水中流失。饲料由于贮存不当，造成氧化或酸败带来的损失也是很大的。

降低饲料成本的关键是制定饲养标准；按标准配制日粮，不能随意提高日粮水平，但应根据生产状况及时校正日粮标准。

（二）提高仔兽出生率和育成率

提高仔兽的出生率和育成率可大大降低幼兽培育成本。在其他条件不变的情况下，幼兽的出生率和育成率越高，培育幼兽的成本越低。因为这样消耗于基础兽群的维持需要相对地减少，因而用于培育每只幼兽的经济费用也相应地减少。所以，在选种时，那些繁殖力高的窝仔兽被选种用的机会多些，有阿留申等影响繁殖力的疾病的一律淘汰不能留种。泌乳期要加强仔兽、母兽的护理和饲喂，科学使用仔兽保活技术，降低仔兽死亡数。

（三）提高产品数量和质量

在场地面积、冷库、饲料加工等条件允许情况下，毛皮动物饲养的总只数越多，每只所摊的直接费用和间接费用也就越少。毛皮动物养殖场的各种设备之间要相互配套，如冷库的吨位与制冷机的功率之间要相互配套，粉碎机、绞肉机与搅拌机之间的效能和功率要相互协调，更重要是设备要与兽群的大小成限度。这也是降低成本的措施之一。

出售毛皮产品的收入不但受数量影响，还受皮张的等级、类

别、性别、尺码等影响。如水貂皮，一等标准公貂每张200元，而次级则在100元以下。次级皮的售价仅是一等皮的50%，但是生产1张一等皮和生产1张次级皮的成本几乎相等。这就涉及毛皮动物的选种、育种、经营管理和饲料搭配的问题。多生产毛色好，个体大的毛皮动物，在成本不变情况下，收入将提高。

（四）饲养场的专业化

现代的毛皮动物饲养业逐渐地趋向于大型的集约化生产。有条件的地方，养殖场应养两种或两种以上毛皮动物，以便更合理地利用饲料，使经济收入较为稳定。如养貂同时养貉，貉可利用貂的饲料，减少饲料浪费。对于较小型的饲养场，可充分利用当地自然资源，发展养兔、养羊、养鱼，利用当地的饲草喂兔、喂羊，用兔下脚料、羊奶喂貂，小杂鱼喂貂，貂粪养鱼。尽量形成一个人为食物链，对提高生产效益有很大作用。

（五）节省医药费用

节省医药费用需要依靠认真贯彻对疾病以预防为主的方针。防，主要是指要预防用变质的或者被各种病原体污染过的饲料饲养水貂，也要防止因饲料搭配不合理而引起的营养性疾病。此外，还要杜绝各种致病因素，兽场要做好消毒防疫措施，尤其是养殖密度大的地区，避免病毒细菌的交叉传播；同时，还要做好免疫工作。治，是指疾病的治疗。要做到及时发现病兽，及时治疗，不要等到疾病严重了再治。

要特别指出的是毛皮动物比较容易发生营养性疾病。几乎80%以上的水貂疾病是由营养不良或饲料变质引起的，其原因是毛皮动物从野生状态驯化成家养动物的历史还不长，还不能完全适应家养条件下的饲料环境。在野生状态下，它们吃的饲料都很新鲜，也可以根据需要自由选择；而在家养条件下，它们吃的是人们配制的饲料，不吃也得吃。若饲料不新鲜，或者配制不合理，缺乏某些必要的营养物质，时间一长，全群毛皮动物必然陆续地发生疾病。因此在配制饲料时，一方面要严格把关，禁止饲

喂变质饲料；另一方面要重视饲料的营养，不能只想到节省开支而忽视饲料质量（饲养新手常犯的错误之一），因小失大，给生产带来严重危害。

（六）降低工资成本

工资包括直接消耗工资和间接消耗工资，它在幼兽培育成本中占相当大比重。提高劳动生产率可以降低人工消耗。措施主要包括提高机械化水平，机械加工饲料、机械分饲、机械清粪；按科学的生产流程进行饲料加工；制定工作人员岗位责任制，实行任务包干等。

第三节　计划管理

毛皮动物养殖是一项计划性很强的管理工作。计划功能在于经济地利用养殖场的全部资源，有效地预见未来的趋势，获取最大地经济效益。计划使养殖场的管理决策具体化，也使战略目标具体化，是科学管理的第一功能。养殖场计划管理主要内容有饲料计划管理、生产计划管理、人员计划管理等方面。

一、饲料的计划管理

毛皮动物饲料以动物性饲料为主，采购、贮存均有一定困难，但其又是毛皮动物养殖必不可少的物质基础，所以一定要加强计划管理，保质、保量、应时。

（一）毛皮动物饲料消耗计划

不同规模的毛皮动物养殖场对鱼、肉类饲料的年需要量不同，少则几十吨，多则上千吨。除了乳类之外，其他不可能达到自给。如果仅依靠饲养场本身大量饲养家畜来提供饲料则会使毛皮养殖成本提高，造成生产性亏损。所以，养殖场必须购进最廉价的动物性饲料，屠宰家畜的下脚料、血、小杂鱼、鱼内脏、蚕蛹、鸡骨架、兔骨架等。这些饲料大部分要在秋冬季节购进和贮

存。饲料贮备量要适当，既要保证供应，又要及时；既要足量又不能过剩，所以对各种饲料需要量要有总计划，并按计划进行购进。

贮备饲料前首先要制定不同时期饲料的利用计划。一般上半年是繁殖期，饲养场应保证全价的动物性饲料、植物性饲料及维生素的供应，下半年要最大限度地利用廉价的小鱼，家畜下脚料，血粉、蚕蛹，骨架等饲料。这时期幼兽正处于生长期，消耗全年动物性饲料的75%，所以利用廉价饲料，可降低毛皮成本，以补偿上半年繁殖期所消耗的较贵的饲料。据有些饲养场经验，母兽繁殖期仅喂含脂率较低的新鲜全鱼并配合足量的维生素，也可以得到很高的幼兽出生率。如果日粮中完全是肥鱼或鱼内脏时，母兽繁殖力会下降。

计算兽类对饲料需要量时，除了鱼及鱼内脏以外，加进的肉类饲料不应少于25%，这样可以保证日粮中蛋白质全价性。使兽群具有稳定的繁殖指标和优质的毛皮。为了计算毛皮兽全年饲料需要量，首先应统计各种兽群一年的变化，制出循环周期表（表6–1），以确定各个时期存笼兽的只数。

表6–1　兽群循环表（模式表）

兽　种	分　组	年初头数	增加数				减少数			年末头数
			产　仔		由其他群引进	买进	种兽售出	转到其他群	屠　宰	
			总　数	每100只母貂产仔数						
水貂	公貂	1000	—	—	200	500	—	—	200	1 500
	母貂	200	—	—	40	100	—	—	40	300
	年度计划幼貂	—	4 500	450	—	—	100	240	4 160	—
总　计		1200	4 500	—	240	600	100	240	4 400	1 800

（引自东北林业大学，1986）

根据动物每昼夜对营养的需要和各种饲料的营养成分表可计算出每种动物每只、每昼夜对各种营养物质的需要量。每昼夜需要量乘以每季度天数就可以统计出不同年龄组每季度对各种营养物质的需要量（表 6–2 至表 6–4），也叫饲料消耗计划。不同年龄组每只每季度需要量乘以预算的各年龄组毛皮兽的存笼只数（根据兽群循环表）可求出本兽场每季度对各种饲料需要总量。场长应根据饲料消耗计划，组织饲料购进和贮存，避免因盲目进货造成饲料的积压。饲料积压一方面影响资金周转，另一方面饲料在冷库内仍进行缓慢的氧化分解而降低生物学价值。饲料积压也降低了冷库利用效率。

由于各种饲料营养价值不同，当需要相互代替时可进行换算。例如，与 100 克瘦肉等营养价值的其他饲料量：鲜内脏 150 克；全鱼 125 克；血 130 克；肺 160 克；蚕蛹 45 克；腿 200 克；家畜嘴 170 克；黄豆、葵花饼 60 克；脾脏 125 克；乳类 150 克；鱼内脏 125 克；鸡杂碎 200 克。

表 6–2 水貂饲料消耗计划 （千克）

季 度	鱼肉类	乳 类	谷物类	蔬菜类	鱼肝油	酵 母
成年水貂						
1	13.2	0.7	1.7	1.8	0.08	0.24
2	21.8	3.9	1.9	2.5	0.16	0.50
3	13.9	—	1.7	1.2	0.09	0.25
4	14.5	—	3.1	1.4	0.09	0.26
总计	63.4	4.6	7.4	6.9	0.42	1.25
幼龄水貂						
2	2.1	0.3	0.2	0.2	0.01	0.04
3	16.0	0.5	1.8	1.6	0.06	0.29
4	11.6	—	1.6	1.5	0.05	0.21
总 计	29.7	0.8	3.6	3.3	0.12	0.54

（引自东北林业大学，1986）

表 6–3　蓝狐饲料消耗计划（千克）

季　度	鱼肉类	乳　类	谷物类	蔬菜类	鱼肝油	酵　母
成年蓝狐						
1	29.9	—	2.7	4.6	0.12	0.68
2	57.2	13.8	6.7	10.9	0.27	1.68
3	30.7	—	3.6	8.5	0.14	0.95
4	32.4	—	3.7	9.0	0.15	1.01
总　计	150.2	13.8	16.7	33.0	0.68	4.32
幼龄蓝狐						
2	3.3	0.5	0.5	0.9	0.02	0.11
3	30.7	—	3.4	6.9	0.13	0.87
4	31.4	—	5.1	7.9	0.15	1.06
总　计	65.4	0.5	9.0	15.7	0.30	2.04

（引自东北林业大学，1986）

表 6–4　银狐饲料消耗计划（千克）

季　度	鱼肉类	乳　类	谷物类	蔬菜类	鱼肝油	酵　母
成年银狐						
1	24.8	4.4	3.4	2.3	0.18	0.76
2	43.5	18.4	7.4	4.8	0.38	1.43
3	28.0	—	5.5	2.6	0.11	0.68
4	23.9	—	5.8	2.6	0.06	0.52
总　计	120.2	22.8	22.1	12.2	0.73	3.39
幼龄银狐						
2	6.4	1.4	0.9	0.5	0.04	0.19
3	25.9	—	4.8	2.4	0.09	0.73
4	24.7	—	5.7	2.7	0.06	0.54
总　计	57.0	1.4	11.4	5.6	0.19	1.45

（引自东北林业大学，1986）

（二）饲料管理的要点

1. 确保饲料质量　采购中要保证饲料新鲜、无污染、无毒害。贮存中确保贮藏条件，尤其是动物性饲料运回冷库后要先速冻，后冷藏，贮藏温度为 -15℃以下。

2. 确保饲料数量　采购、供应要按时确保毛皮动物对饲料需求的数量，尤其是妊娠母兽的饲料要贮备充足，确保动物性饲料种类的稳定。

3. 确保应时供应　毛皮动物不同生产时期对饲料种类、品质有不同要求，要应时保证供应。

4. 及时清理库存　要及时清理库存，对报废饲料进行损耗处理。

二、养殖场生产技术管理

（一）生产任务

毛皮动物养殖场生产任务主要是计划每只母兽断乳分窝和年终平均育成幼兽数，年终增加或缩减种群数以及生产的产品数及其等级、质量等。

（二）生产定额

饲养人员应实行生产定额管理并与全场生产计划相适应。应明确下列几项计划指标：固定给每个饲养员、饲料加工员的毛皮动物头数，种兽繁殖指标等。

（三）生产定额计划原则

生产定额计划应根据本场历年生产水平和员工技术素质确定，既要逐年有所提高，又要切实可行，并与多劳多得的分配原则结合起来。

三、建立健全生产人员职责

建立健全生产人员岗位职责，最好实行全员岗位承包责任制。

（一）场长职责

组织全场生产，保证饲料供应，制订劳动定额并签订劳动合同；在技术员的协助下，完成生产计划、经济计划、产品质量计划。

（二）技术员职责

制订饲料单和貂群品质，提高技术措施，落实、解决生产中涉及的具体技术问题，配合场长监督计划执行，管理好技术资料和技术档案。

（三）饲养员、饲料加工员职责

饲养员和饲料加工员是第一线工作人员，具体负责兽群饲养和饲料加工。要服从场长、技术人员的领导和指导，做好本职工作。工作中遇有技术问题及时向技术员汇报，向场领导、技术员提供合理化建议。

四、人员管理

养殖场人员管理实行场长领导下的岗位负责制，实行逐级聘用。要注重职工的素质提高，加强理论业务的培训、学习，建立考绩制度和档案。

参考文献

[1]白秀娟. 简明养狐手册 [M]. 北京：中国农业大学出版社，2002.

[2]白秀娟. 养貉手册 [M]. 北京：中国农业大学出版社，2007.

[3]陈之果，刘继忠. 图说养狐关键技术 [M]. 北京：金盾出版社，2006.

[4]程世鹏，单慧. 特种经济动物常用数据手册 [M]. 沈阳：辽宁科学技术出版社，2000.

[5]仇学军. 实用养貉技术 [M]. 北京：金盾出版社，1997.

[6]东北林业大学. 毛皮兽饲养 [M]. 北京：中国林业出版社，1986.

[7]杜辉，仇伟，戴光华，等. 水貂品种与选配情况简介 [J]. 中国畜禽种业，2009(12)：55-56.

[8]高宏伟. 毛皮动物营养研究概况 [J]. 特产研究，1994(1)：32-34.

[9]葛东华. 银黑狐养殖实用技术 [M]. 北京：中国农业科技出版社，2000.

[10]关中湘，王树志，陈启仁. 毛皮动物疾病学 [M]. 北京：中国农业出版社，1982.

[11]华树芳，柴秀丽，华盛. 貉标准化生产技术 [M]. 北京：金盾出版社，2007.

[12]华育平．野生动物传染病检疫学[M]．北京：中国林业出版社，1999.

[13]李忠宽，魏海军，程世鹏．水貂养殖技术[M]．北京：金盾出版社，2007.

[14]林宣龙，吴克凡，时磊．准噶尔盆地荒漠区赤狐的食性分析[J]．兽类学报，2010，30(3)：346–350.

[15]刘群秀，张明海，张佰莲，等．内蒙古东部地区春夏季沙狐的食性[J]．东北林业大学学报，2008，36(7)：62–64.

[16]刘晓颖，陈立志．貉的饲养与疾病防治[M]．北京：中国农业出版社，2010.

[17]刘晓颖，程世鹏．水貂养殖新技术[M]．北京：中国农业出版社，2008.

[18]刘宗岳．国内水貂养殖的主要品种及育种概况[J]．新农业，2009(12)：10.

[19]马泽芳，刘伟石，周宏力．野生动物驯养学[M]．哈尔滨：东北林业大学出版社，2004.

[20]朴厚坤，王树志，丁群山．实用养狐技术(第二版)[M]．北京：中国农业出版社，2006.

[21]朴厚坤，张南奎．毛皮动物的饲养与管理[M]．北京：农业出版社，1985.

[22]钱国成，魏海军，刘晓颖．新编毛皮动物疾病防治[M]．北京：金盾出版社，2006.

[23]任东波，王艳国．实用养貉技术大全[M]．北京：中国农业出版社，2006.

[24]佟煜人，钱国成．中国毛皮兽饲养技术大全[M]．北京：中国农业出版社，1998.

[25]佟煜人，谭书岩．图说高效养水貂关键技术[M]．北京：金盾出版社，2007.

[26]佟煜仁，谭书岩．狐标准化生产技术[M]．北京：金

盾出版社，2007.

[27]佟煜仁. 毛皮动物饲养员培训教材[M]. 北京：金盾出版社，2008.

[28]汪家林. 吉林白水貂[J]. 农业科技通讯，1983（9）：34.

[29]王凯英，李光玉，赵静波. 毛皮动物矿物元素的需要[J]. 经济动物学报，2003，7（4）：10–13.

[30]熊家军. 特种经济动物生产学[M]. 北京：科学技术出版社，2009.

[31]杨嘉实. 特产经济动物饲料配方[M]. 北京：中国农业出版社，1999.

[32]张志明. 实用水貂养殖技术[M]. 北京：金盾出版社，2005.

[33]赵广英. 野生动物流行病学[M]. 哈尔滨：东北林业大学出版社，2000.

[34]赵英杰. 乌苏里貉人工养殖的调查研究[J]. 毛皮动物饲养，1987（2）：42–44.

[35]郑庆丰. 科学养狐技术[M]. 北京：中国农业大学出版社，2009.

[36]邹兴淮. 野生动物营养学[M]. 哈尔滨：东北林业大学出版社，2000.